江山壮丽
国家文化
公园丛书

江山壮丽
我说长江

MAGNIFICENT CHINA:
TALKING
ABOUT
THE
YANGTZE
RIVER

中央广播电视总台中国之声
中国艺术研究院 ｜ 编

文化艺术出版社
Culture and Art Publishing House

前言

　　长江是中华民族的母亲河，从青藏高原到东海之滨，千年文脉赓续，浪花淘尽英雄。党的十八大以来，习近平总书记的足迹遍及大江上下，明确提出"长江造就了从巴山蜀水到江南水乡的千年文脉，是中华民族的代表性符号和中华文明的标志性象征，是涵养社会主义核心价值观的重要源泉"，"要把长江文化保护好、传承好、弘扬好，延续历史文脉，坚定文化自信"。

　　建设长江国家文化公园，是以习近平同志为核心的党中央的重大决策部署，是推动新时代文化繁荣发展的重大工程。长江国家文化公园的建设范围，综合考虑长江干流区域和长江经济带区域，涉及上海、江苏、浙江、安徽、江西、湖北、湖南、重庆、四川、贵州、云南、西藏、青海13个省区市。

　　中央广播电视总台中国之声与中国艺术研究院联合推出《江山壮丽》国家文化公园系列丛书，《江山壮丽 我说长江》以长江为主线，选取39个长江沿线重要点段，覆盖长江沿线13个省区市，采取"故事讲述＋专家解读"的形式，邀请包括地方政府干部、设计工程师、文艺工作者、文博工作者、志愿者、国家级非物质文化遗产传承人、旅游工作者、文化工作者等在内的39位讲述者，以及涵盖地理、旅游、规划、设计、艺术、历史、文化、环境、水利、文物、生态、教育等领域的 19 名专家学者和专业管理人员作为解读者，从生态保护、经济发展、水利建设、航道运输、科技创新、文化、旅游、艺术、文物保护、非遗传承、乡村振兴、社会民生等方面，共同展示在新时代长江国家文化公园建设背景下，母亲河水清岸绿，长江流域变革发展，中华文明弦歌不辍，气象万千的新时代长江故事。

目录

01
长江之歌

讲述人：
纪录片《话说长江》解说

陈铎、虹云

2023 年 9 月 4 日

扫码收看精彩内容

长江，蜿蜒万里的母亲河，从远古流向未来，涨落荣枯，标记沿岸的富庶进步。从青藏高原到东海之滨，从橘子洲头到扬子江畔，千年文脉赓续，浪花淘尽英雄。

"我住长江头，君住长江尾。"看长江，看昆仑莽莽、江源浩浩；看长江，看华灯溢彩、生机勃发。看长江，也是看中国。

一条大河，百川归流，千帆竞渡，万家灯火。

陈铎：40年前，我和虹云参与了纪录片《话说长江》的解说。直到今天，我还在镜头前讲述着长江的故事。我相信，每个人的记忆里都有一条长河，长江是中国人山水记忆里永恒的底色。

虹云：江山壮丽，我说长江。我是老播音员虹云。40年来，在奔腾不息的长江上，千帆竞牧野，时代春潮涌。一直以来，我坚持在话筒前讲述长江的故事，从江之源到入海口，江边许多人，两岸多少事。

陈铎：1983年8月7日，《话说长江》在中央电视台播出。从长江源头出发顺流而下，分25回逐步介绍长江的千姿百态和流域的山水风光、历史文化、风土人情以及古往今来的变迁发展。在演播上，我们借鉴传统方式，采用主持人出场"话说"的形式，通过团队的努

● 陈铎参与《江山壮丽 我说长江》节目录制

● 虹云参与《江山壮丽 我说长江》节目录制

力，使《话说长江》成为一部里程碑式的作品。

虹云：我们以娓娓道来的方式，将自己对长江的环境、历史、文化以及变迁的感受传递给观众。我想也许正因为如此，我们才能成为许多人"长江记忆"里的声音。

陈铎：《话说长江》播出之后，反响热烈。全国观众的反应以及它被赋予的含义已经远远超过了纪录片本身传达出的信息。因为《话说长江》的播出，很多观众第一次直观地看到了长江。在此后半年多的时间里，数百万观众每星期准时坐在电视机前收看这个节目。节目组也先后收到了全国各地的观众来信，其中有评论建议，还有观众寄来了自己专门以长江为题材的绘画、书法和诗词作品。直到今天，这部纪录片还在一些视频平台播出。网友们说，《话说长江》是"国内收视率最高的纪录片"，是一代人共同的"长江记忆"。

虹云：长江哺育了一代代中华儿女，滋养着泱泱五千多年的中华文明。什么词语才能形容长江呢？还记得《话说长江》最初播出时并没有主题歌，有的只是一首主题曲。中央电视台为此举行了歌词征

● 1983 年，纪录片《话说长江》片头

集活动。1984年的元旦，沈阳军区歌舞团创作员胡宏伟把一张明信片小心翼翼地投进邮筒，明信片上一笔一画写着100多个字，最终从4583件作品中脱颖而出。这首歌至今被认为是中华儿女对长江唱出的最美的赞歌。

虹云：这首家喻户晓的《长江之歌》唱出了"唯见长江天际流"的滔滔气势，也唱出了人们对母亲河的深深依恋。对我来说，祖国是一首永远唱不完的恋歌。

陈铎：一代人有一代人的"长江记忆"，长江也可以一代代"话说"下去。长江日新月异的故事，也会世代相传。因为看长江，也是在看中国！

纪录片《话说长江》解说词手稿（陈铎提供）

专家解读

国家文化公园专家咨询委员会秘书处副秘书长、中国艺术研究院研究员　任慧

　　长江和黄河，都是中华民族的母亲河，孕育滋养了中华文明。自古以来，历代文人墨客描绘了长江的多重形象，承载了美好的愿望。40年前，伴随着电视进入百姓生活，纪录片《话说长江》的播出，让更多观众第一次看到长江，陈铎、虹云两位优秀播音员的声音和《长江之歌》也走进千家万户，塑造了影响几代人的经典电视作品。走进新时代，党和国家提出长江经济带和长江国家文化公园等战略工程，全社会为推动中华民族母亲河永葆生机活力共唱中华儿女心中最美的赞歌！

02
万里长江第一县

讲述人：
青海治多县人、藏族作家

文扎

2023 年 9 月 5 日

扫码收看精彩内容

我是一名作家，我的家乡就是我写作最大的灵感来源。

"治多"在藏语里的意思是"长江源头"。长江从我的家乡向东倾泻而下，治多县也被称为"万里长江第一县"。

长江在藏语中被称为"治曲"。"治"有母牛之意，而"曲"是江河的称谓。长江源自一座形似母牛鼻孔的山丘，故称其为"治曲"，意思是母牛河。

● 通天河（索布查叶水源保护青年志愿服务队　才仁多杰摄）

　　万里长江劈山越岭、从亿年冰川倾泻而出时，有一个气度不凡的名称叫"通天河"。提到通天河，很多人想到的是《西游记》中师徒四人八十一难中的最后一难——"通天河遇鼋湿经书"。虽然是小书故事，但现实中通天河确实存在，它位于青海省玉树藏族自治州境内，是万里长江上游的一个河段。

　　在通天河段有"万里长江第一湾"，位于治多县立新乡叶青村，长江流经此地，形成近360度的弧形，不管是看江河还是看风景，在整个长江流域众多景点中，这里也是独具特色、无比壮观的。

　　在古代，800多千米的通天河上没有一座桥，渡口就是千条路线汇集的枢纽。楚玛尔河注入通天河的交汇点，是唐蕃古道上的一条必

●万里长江第一湾（索布查叶水源保护青年志愿服务队　才仁多杰摄）

经渡口——楚玛尔"七渡口"。通天河从源头缓缓流到"七渡口"，已经显露出了大江东去的气势。

西望源头，那铺天盖地而来的网状河道从灰蒙蒙的天地间漫延而来，仿佛要淹没整个大地。天涯行旅的孤独与乡愁也仿佛要从渡口乘皮筏而过，千古旅人的脚步曾经在这里徘徊。每当此时，我都忍不住感叹，身在治多，以这样的方式认识长江，何其有幸！

水联结生命。长江源因为丰富的植被资源和生物多样性，自古以来就是野生动物栖息繁衍的王国。治多有民谚说："卡让雅拉是野牦牛的天地，勒池勒玛是藏羚羊的王国，措池、邦涌是鸟类的法会地，母亲泉是藏野驴的家园，烟瘴挂是雪豹的乐园。"在这里，居民与野

生动物朝夕相处了上千年，这些年，野生动物也频频现身。

2016年4月，三江源国家公园体制试点在青海启动。处在三江源国家级自然保护区、三江源国家公园和可可西里世界自然遗产地"三重叠加"的特殊地理区块的治多县，是全国生态位置最为重要的县域之一。作为"环保卫士"杰桑·索南达杰的后辈，延续他的工作，我们义不容辞。一代代治多人接力守护，如今，可可西里再没有响起盗猎的枪声，藏羚羊栖息的家园一派宁静与祥和景象。

● 长江源区的兔狲（索布查叶水源保护青年志愿服务队　才仁多杰摄）

　　参天之木，必有其根；怀山之水，必有其源。我们要发挥长江的源头担当，确保"一江清水向东流"！

专家解读

　　国家文化公园专家咨询委员会委员，青海省社会科学院副院长、研究员　鄂崇荣

　　治多县所在的长江源地区，至少从 8000 年前开始就有人类频繁活动的痕迹。江源地区在古代是东西方交通和文化交流的要冲。一些考古学者在长江七渡口遗址一带发现大量石丘墓群，这也说明至迟于唐代，这一地区是重要的交通节点。

　　如今，江源地区优秀传统生态文化得到创造性转化、创新性发展。三江源国家公园和长江国家文化公园设立，许多牧民在享受生态保护和体制改革红利的同时，记录野生动物的踪迹，观测水位变化，及时清理垃圾，制止各种破坏生态行为，为保护中华水塔，使中华民族永续发展，认真履行着源头义务，担负着源头责任。

03
守护长江源

讲述人：
西藏那曲市安多县玛曲乡长江源生
态环保志愿服务队党支部书记

达瓦顿珠

2023年9月6日

扫码收看精彩内容

●西藏那曲市安多县玛曲乡长江源生态环保志愿服务队党支部书记达瓦顿珠

顺着全长 6300 余千米的长江一路向西，我们会到达唐古拉山脉各拉丹冬雪山。"长江第一滴水"发源于各拉丹冬姜根迪如冰川，它位于西藏那曲市安多县玛曲乡境内。

我们长江源生态环保志愿服务队是 2016 年成立的，都是由牧民党员组成。我们的主要工作是生态巡查、捡拾垃圾、应急救援、外来游客劝返等。志愿服务队每个月都要进行 5 次到 6 次巡逻，每次巡逻40 多千米。我们这里平均海拔超过 4800 米，多数时间没有手机信号。在草原，牧户之间相隔很远，地理条件复杂，车辆容易迷路，常有外来车辆陷入沼泽。我们长江源地区的生态环境极其脆弱，车辆一旦陷入沼泽，对生态造成的破坏是难以修复的。

有一次，一个自驾游车队的 4 辆越野车，趁着夜色跑到姜根迪如冰川附近，因为不认路，车辆陷在了村民的草场里，破坏了大片草场。我们发现后，及时联系玛曲乡政府，乡政府迅速进行了救援，并对其劝返。对我们来说，赔偿被破坏的草场并不是最好的结果，最好

●长江源生态环保志愿服务队队员工作中

●长江源生态环保志愿服务队队员工作中

●长江源生态环保志愿服务队队员合影

●各拉丹冬姜根迪如冰川

●长江源纪念碑

的结果是，大伙儿都保证不再开车进入长江源保护区域。这是对我们最大的安慰。

　　玛曲乡所辖区域面积 2.64 万平方千米，手机信号不畅。对讲机是牧民和乡镇干部联络的"法宝"。只要有车辆、外来人员进入视线，散落在玛曲原野的牧家就会通过对讲机向最近的牧户报告，一级一级，直到传达到乡镇一级。长江源生态环保志愿服务队成立以来，我们制止和劝返擅自闯入长江源保护区的外来人员137人次，开展救援14起。

巡逻过程中，不管风吹雨淋，再怎么辛苦，我们都会细心巡查每一条河道，不放过任何问题。我们的细心和坚守让草更绿、水更清，保障了下游百姓的饮水安全，也得到了牧民们的一致认可和配合。

守护长江源是一份荣誉，更是一份沉甸甸的责任。每当看到清泉从我们的家门口流向下游，我都充满自豪感和责任感。我守护的是我的家，更是所有人的家。

专家解读

国家文化公园专家咨询委员会委员、北京师范大学环境学院教授　曾维华

建设人与自然和谐共生的现代化，有必要营造全民参与生态环境保护的社会氛围。长江源是三江源的重要组成部分，也是践行全民参与生态保护理念的试验田；作为长江源头的守护者，长江源生态环保志愿服务队长年奋斗在雪域高原，每天用脚步丈量着长江源头，不辞劳苦，无私奉献。他们用行动诠释着责任与担当，确保一江清水向东流。与此同时，国家也通过实施生态奖补等政策措施，为当地牧民增加就业，改善生产生活条件，由此实现社会经济发展与生态环境保护的双赢。

04

"猴"可爱的四十年

讲述人：
中国灵长类学会名誉理事长

龙勇诚

2023 年 9 月 7 日

扫码收看精彩内容

●中国灵长类学会名誉理事长龙勇诚

在长江上游，海拔 3000 米以上的云岭山脉，生活着一群可爱的生灵。它们是人类亲密的朋友，更是我四十年来心心念念的"家人"。它们就是滇金丝猴。

滇金丝猴是国家一级保护动物，生活在冰川雪线附近的高山针叶林带之中，是除了人类以外，分布海拔最高的灵长类动物，也被称为"雪山精灵"。从 1983 年云南建立第一个滇金丝猴自然保护区——云南白马雪山国家级自然保护区开始，我就一直在做一件事：找猴子。

当时，猴群数量少，而且滇金丝猴怕人，见人就跑。直到 1992 年 6 月，我才拍摄到第一张滇金丝猴照片，这也是世界上第一张滇金丝猴的照片。至今，我仍然常常想起照片里，猴子那惊恐的眼神。直

●滇金丝猴照片

● 1994 年，在寻找滇金丝猴群的途中

到 1994 年，我终于将分布在云南、西藏的大约 1500 只滇金丝猴全部找到。

在高原上找猴子可不是件容易的事，只靠我自己的力量是远远不够的。我找到了各地最厉害的"猎人"，请他们带我去寻找。跟着"猎人"在野外寻猴，一般每次要在山里住 100 多天。久而久之，"猎人"们也都跟滇金丝猴产生了感情。到后来，这些曾经的"猎人"，几乎都成了最坚定的滇金丝猴保护者。

找猴子，一个月要穿坏至少三双胶钉鞋。但功夫不负有心人，在踏遍了三江并流地区一万多平方千米的原始森林、不知穿坏了多少双胶钉鞋后，滇金丝猴种群分布图终于被绘制出来。大家付出的努力终有收获，我很欣慰。

滇金丝猴依附于长江上游的自然环境生存，它们对长江沿岸环境的变化十分敏感。可以说，滇金丝猴的生存状态，就是长江上游自然环境的缩影，是检验生态系统质量的重要指标。

如今，滇金丝猴已经发展到有 23 个猴群 4000 只以上。我可以自豪地说，滇金丝猴的保护成效，就是这么多年来，我们重视生物多样性和自然生态保护的生动例证。

从寻找猴子的第一天开始，我就认定，这是我的事业，这是我的梦想。我这一生，只做了研究和保护滇金丝猴这一件事。这些年，滇金丝猴的"粉丝"越来越多，我也慢慢从大家口中的"猴爸"变成了"滇金丝猴爷爷"。

灵长类动物的生存，关乎人类自身，保护滇金丝猴，就是保护我们人类自己。毕竟，只有人类才会思考"我从哪里来，我要到哪里去"。走近它们，我们才能获得答案。

专家解读

中国科学院地理科学与资源研究所旅游研究与规划设计中心总规划师　宁志中

长江流域是中国乃至亚洲、全球重要的生态屏障之一。河流的上游地区的保护质量，会直接决定中下游的水质、水量等。同时，鉴于长江上游的跨度、自然生态条件、自然生态的重要性，它和整个区域的气候环境、水资源的调配、自然景观，甚至城市乡村的发展、老百姓的生活都是密切相关的。美丽中国建设，会为我们的社会经济发展提供持续的资源保障、环境保障。

05
谁谓江广？一苇杭之

讲述人：
国家级非物质文化遗产代表性项目
赤水独竹漂遵义市区级非遗传承人

杨柳

2023 年 9 月 8 日

扫码收看精彩内容

很多人形容我表演的独竹漂技艺是"翩跹少女踏水而来"，是现代版的"一苇渡江"。

手持长竹当桨、脚踩楠竹为舟，或乘风破浪搏击激流险滩，或稳定在竹上悠闲荡于水面，独竹漂发源于黔北赤水河流域，距今已有两千多年历史。

我是贵州遵义人，从小在长江支流——乌江左岸的湘江边长大。都说我们这里是"地无三里平"，独竹漂却最讲究"漂行水上，如履平地"。从小，我看家门口的江水随山势而走，眼前险滩连片，远处水流湍急。那时，我就在想，要是有什么办法能够轻松渡江就好了。第一次看到独竹漂的时候，我非常震撼，原来用一根竹子也能渡江。

过去，我们这一带山里有很多金丝楠木，当时的百姓通过水路运木材到长江流域，在这个过程中逐渐掌握了独木漂的技巧，久而久之演变为用竹子来过河、过江。

我第一次尝试独竹漂，根本踩不住竹子。我太瘦小了，每次踩在竹子上都会摔跤。

夏天太阳毒辣，冬天河水冰冷，但即便无数次掉进水里，我依旧坚持练习。10岁那年，我逐渐掌握了独竹漂基本的滑行和平衡技巧。

这些年，独竹漂给了我舞台，给了我更多的可能和希望，这些都化成了我的动力。我尝试在独竹漂中融入中国古典舞，也尝试将独竹漂和更多的非遗项目结合。我想把独竹漂创新、传承下去。

两千多年前，我们的祖先划独竹漂的时候是怎样的状态？他们的眼前是怎样的风景？我想通过自己的表演还原这些场景，希望通过这样的方式，让更多人了解和喜爱独竹漂。

● 一竹一人，杨柳独舞江上

● 国家级非物质文化遗产代表性项目赤水独竹漂遵义市区级非遗传承人杨柳

● 杨柳在独竹漂中融入中国古典舞元素进行表演

●练习中掉下水、受伤，都是家常便饭

●从小扛到大的竹子是杨柳最熟悉的伙伴

独竹漂从小陪伴我，七八岁的时候，它是我的玩具，十几岁的时候，它是我的朋友，现在，它已经和我的生活密不可分。

这几年，我的独竹漂表演视频播放达数亿次，得到了很多朋友的喜爱。甚至有不少国外的网友也通过我的视频感受到了独竹漂的魅力，体会到中国传统文化的独特韵味。

独竹漂承载着一份坚守和韧性。我希望独竹漂未来成为一张更闪亮的名片，让赤水河畔长江儿女的勇敢被更多人知道。

专家解读

贵州民族大学音乐舞蹈学院讲师　蒲志怀

贵州的崇山峻岭间有很多河流交织和穿插，江水造就了地区多元文化的源远流长。独竹漂就是在这样特定的地理生态自然影响下诞生的"绝技"。这种技艺既是区域文化的一个组成部分，也反映了这里的人们与自然曾经的"抗争史"。在现在非遗保护的热潮下，独竹漂也在创新。青山绿水间，在独竹上完成各类舞蹈技艺的展示，只有这样创新和破圈，才能迸发出焕然一新的力量。这样的技艺蕴含着丰富的东方生活美学，展现着我们中国人特有的一种高于生活的超然情怀。

06
一堰润天府

讲述人：
旅游达人

蜀三少

2023年9月9日

扫码收看精彩内容

●蜀三少在暑期给孩子们讲解都江堰水利工程

　　我是旅游达人蜀三少，一个被长江水"哺育"的四川人。近年来，我在短视频平台上为大家讲解四川地区的风土人情、文博精品，方便大家更好地了解古蜀文化。提到四川，大家会更多地想到"天府之国"。而"天府之国"的造就，离不开一项水利工程：都江堰。下面，我就为大家说说都江堰的"前世"和"今生"。

●都江堰水利工程

　　都江堰渠首工程在都江堰市西南玉垒山下，岷江出山口的一个弯道处，至今已有2200多年的古堰，依然灌溉着良田沃野。这个集防洪、引水灌溉、航运等功能于一身的超级工程，为何而来、从何而来？

　　治蜀先治水，得水便得蜀。孕育了古蜀文明的长江支流岷江，从都江堰进入成都平原，分为内外两江，至江口复合，经乐山、宜宾汇入长江，一派安宁祥和。而都江堰工程存在之前，岷江所造成的水患，却搅得民不聊生。

　　多雨季节，一方面，水量暴增的岷江犹如脱缰的野马肆意横流，将平原地带变成一片汪洋；另一方面，冲出山口的岷江，并没有顺直流入整个平原地带，而是迎面撞上了玉垒山，于是江水只能被迫向南，

●都江堰水利工程三大景观之一"鱼嘴分水堤"

造成了成都平原东旱西涝。一边是洪水肆虐，一边又赤地千里，都江堰水利工程破解了这天灾的难题。

战国时期，秦国蜀郡太守李冰父子总结前人的治水经验，又探察周围地貌、勘测岷江，最终将都江堰工程的位置选在了岷江穿越山地与平原交界的一点，并巧妙地将工程分为三部分。第一部分"金刚堤"将岷江一分为二，通过堤坝顶端鱼嘴，根据水流量使岷江实现分流。

在丰水期，岷江流量大，流经鱼嘴的江水，有六成水进入外江，四成水进入内江，枯水季反之，这便是精巧绝妙的"四六分水"。而进入内江的沙石，则需要工程第二部分进行处理，这就是"飞沙堰"，在金刚堤末端的一段低矮堰体。洪水来临时，内江水位迅速抬升，高

都江堰水利工程三大景观之一『飞沙堰』

过堰体的水流会溢出至外江，内江中的沙石也会在河流弯道环流作用下，沿着堰体排泄出去。

第三部分人们赞称其为"宝瓶口"，那是一道位于玉垒山上的缺口。内江水经此缺口，流向广袤的成都平原。它细长如瓶颈，就像水龙头般控制进水量，整个成都平原的"滚滚财源"都仰仗这股水流。成都吮吸着岷江甘泉，成为千里沃野。

都江堰水利工程三大景观之一『宝瓶口』

　　当分水、飞沙、宝瓶口成为一个系统后，它们互为依存、互相协作，产生了超过各自本身的整体功能。都江堰告诉后人，一个工程系统最根本的结构原则应该是工程与自然环境的一致性。既不破坏自然，又能造福人类，人类和长江水和谐共生的景象，铺展在眼前。

　　如今，饮水思源，当地人通过一年一度的都江堰放水节，纪念都江堰水利工程的丰功伟绩，表达对先贤的无限感念。到今天，都江

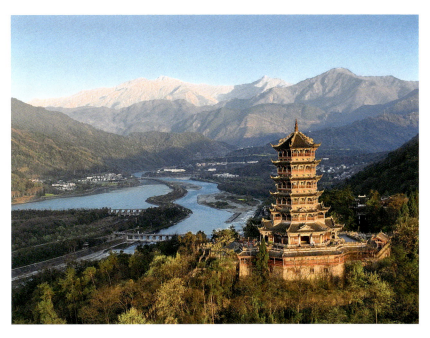

●清晨阳光照耀下的都江堰水利工程

堰还在灌溉 1100 多万亩农田，滋养着成都平原上的几千万百姓。很难想象在 2200 多年前，我们的古人就已经拥有这么高的智慧，所以联合国把都江堰列为世界灌溉工程遗产，同时它也是世界文化遗产和世界自然遗产。

不仅如此，都江堰历久不废的一个重要原因是重视工程管理，严格执行岁修制度，疏浚河道，不断加固和修复。同时，都江堰的附加功能还在不断提升。以都江堰工程为名片，都江堰市也成为生态城市、旅游城市，发挥着长江上游生态屏障作用。

身为被都江堰润泽的岷江两岸儿女，我要将都江堰的故事讲给更多人听。它关乎中国古代治水的具体表现，更是长江文明生态理念的生动实践。从都江堰出发，汇入滚滚长江水的，有绵延至今的历史恩泽，有丰厚的天府文化，还有更多元的中华文明。

专家解读

四川中华文化促进会副会长、成都大学副教授　何小东

中国人与水的关系，经历了从斗争到利用、再到和谐相处的漫长历程，可以说，5000多年的华夏文明史，就是一部中华民族与水"交相胜，还相用"的抗争史。从4000多年前大禹治水，到2000多年前李冰父子都江堰治水，中华治水文化源远流长，是长江文化的重要组成部分，也是长江国家文化公园的重要内容。

都江堰是中华文明的智慧结晶，其中蕴含的乘势利导、天人合一、包容互鉴、民为邦本等理念，体现了中国人尊重自然、敬畏自然的哲学思想，同当前中国正在致力构建的人类命运共同体主张，具有较强的契合性。建设长江国家文化公园，就是要让优秀治水文化"开口说话"，从历史的维度来重新认识治水文化，以文化认同铸牢中华民族共同体意识。

07
记录三峡三十年

讲述人：
摄影师

李风

2023 年 9 月 10 日

扫码收看精彩内容

最近的一次拍摄，我拍了水下三峡。这个想法其实我10年前就有，但因为技术的限制，一直到今年才实现。有了专业下潜队员和水下无人机的支持，我反而不是那么关注"拍不拍得到"的问题，而更关心三峡大坝蓄水20年，水下的变化。有的地方是不是被泥沙覆盖？有的地方是不是长水草了？甚至，有的地方是不是会出现我们意想不到的东西？

这次下潜就像寻宝一样。我们在瞿塘峡附近看到了淹没在水里的古栈道。瞿塘峡是三峡里水势最急、山最陡峭的地方，几乎都是悬崖峭壁，很多古栈道都建在悬崖上。看到下潜队员从岸上沿着露出来的古栈道一步步走到水里，我仿佛看到他们一步步踏过了20多年的时间，十分神奇。

都说三峡是长江最壮丽也最危险的一段。我可以骄傲地说，从1993年到现在，有关三峡的所有重大事件我都在现场。三峡大坝建成、三峡大坝的水位到175米、三峡大坝发出第一度电、三峡大坝截流……我一个都没有错过。胶片时代，我总是舍不得按快门，按一次就少一次，可能眼看错失的镜头比留下的还要好。到了数码时代，我不会再放弃任何一个值得记录的画面。

历史不只是物质空间的变化，它也有人的情感结构的变化。我不停地去三峡，在找的就是这些东西。很多人，特别是没来过三峡的人、没有看过长江的人、没有看过长江上游和下游变化的人，他们不会知道三峡大坝建成后给当地带来的变化。

都说三峡修起了大坝，我觉得其实它是打开了一扇门。曾经的三峡，相对封闭落后。由于交通的原因，我们在这里好像只能看着各地来的船过三峡，我们能看到上海人，能看到武汉人，能看到南京人，但是我们无法到那里去。三峡大坝的修建，恰恰是把这一道门打开了，我们跟上了奔腾的水流。

从长江源头一直到长江入海口，我跑过很多趟。以前三峡这边种苞谷，很多土地被破坏了。现在我们以种植果树为主，比如巫山李子。那里的春天跟世外桃源一样，满山开的都是李树，远远看着像下雪一样。如今，不光是让树成林，李子也成了三峡的一个标志，带来

● 三峡工程正式下闸蓄水

● 离开三峡，背一棵桃树

● 三峡船闸正式通航

● 三峡首航

● 三峡大坝首次蓄水 175 米

了实实在在的收益。

我拍三峡的 30 年里，三峡有翻天覆地的变化，三峡的人也是。这种变化不是简单的吃得更好、穿得更好，而是我们通过一扇打开的门，走向更开阔的世界。

专家解读

中国艺术研究院副院长、研究员　李树峰

每一幅影像都是一座时间的遗址，留给后人观看和体验。李风的拍摄方法在当下是属于报道摄影，长期看是属于社会纪实摄影，最后形成了一个大的数据库。跟踪拍摄三十年，三峡人的故事、三峡人的精神、三峡人的家国情怀、三峡人与土地的关系，三峡人与中华民族复兴历程的关系，它从整体来说都是对三峡工程的一种历史的记录，有很强的文献价值。看长江，看三峡，不是一个简单的地球表象，实际上是在寻土、寻根、寻初心，有一种深沉的文化追寻在里面，有中华民族的文脉、血脉、根脉在里面。

08
江上一哥

讲述人：
"渝忠客 2180" 客轮船长

秦大益

2023 年 9 月 11 日

扫码收看精彩内容

●停靠趸船旁的"渝忠客 2180"客轮

　　"渝忠客","渝"是重庆的意思,"忠"指的是重庆忠县。
我们的客轮往返于洋渡镇洋渡码头和忠县城区西山码头之间,是这条
航线上唯一的客轮。

　　每个工作日早晨 6 点半,我都会驾驶这艘客轮从洋渡镇洋渡码
头出发,到西山码头单程是两个小时。下午 2 点半,我再从西山码头
返航。这船我一天跑一趟,一年能跑至少 363 天,休息的两天就是除
夕和初一。其他时候,我基本都在船上吃、在船上睡,一天见不到这

● "一哥"秦大益驾驶客轮

● "一哥"秦大益的儿子（图左）在直播

艘船，我心里便空落落的，说它是我的亲人，一点儿都不过分。

从我爷爷那辈儿开始，就在长江上跑船。我的爸爸，我，如今我的儿子，都在江上讨生活。我17岁跟着爸爸跑船，18岁独立开船，到现在已经26年了。以前没有雷达、没有对讲机，大雾天里全靠一双眼，有时候等看到对面的船，都快碰上了，急得一头汗。现在不一样了，我们开的船设备齐全，有关部门也加强了河道管理，开船的时候，我心里踏实得很。

去年，我在儿子的帮助下开了直播。一开始开船的时候观看人数能有600人左右，到岸后发现有3000多人在看。到现在，粉丝有200多万人了。一开始做直播的时候我没多想，是儿子想记录我开船的日子。等我老了，开不动船的时候，看到现在的这些画面，能有个念想。我们从来没有想过，会受到这么多朋友的喜欢。我觉得，很多人没看过长江，没坐过乡间客轮，不是不想，只是因为没有机会。看我们直播也和来过一样，下一次真的到了长江边、真的登船，大家会

●乘船卖菜的人们

●乘客们挑菜下船

有故地重游的感觉。长江，本来就是我们所有人的故乡。

坐我们船的基本都是老年人，他们清晨挑着新鲜蔬菜来到码头乘船。因为菜还没卖出去，大家话也不多。当船返航的时候，他们大都是笑嘻嘻的样子。看到那些笑脸，我就觉得，这一天没白费。

直播改变了我的生活，也改变了一些卖菜老人的生活。年轻人挑着几十斤甚至上百斤的担子从船里走到码头都是气喘吁吁的，更别说那些老人家。有很多来自天南海北的网友，通过我们的直播购买老人们的蔬菜。老人们早一点卖完，就可以早一点回家。

早年间，船名是想怎么取就怎么取的，人家叫我"一哥"，我们的船就叫"一哥号"。后来船名规范了，我们就是"渝忠客2180"。其实在今天的忠县，沿长江出行，客轮不再是最常见的选择了。可是，总有人需要。就算只有一个人登船，我们也会停靠码头。长江是不会老的，我一哥的船，也会一直在。

专家解读

四川中华文化促进会副会长、成都大学副教授　何小东

长江是我国东西向交通的大动脉。在我国现代旅游业形成之初，长江三峡游曾是我国十大金牌旅游线路之一。直到今天，长江邮轮游依然是我国银发市场游客十分青睐的旅游产品。"上下五千年、纵横一万里"，长江串联起巴蜀、藏彝、荆楚、湖湘、徽赣、吴越等民族多元文化，建设长江国家文化公园，更好地满足人民的精神文化需求，提高中华文化品牌的传播力和影响力。

09
洞庭湖水八百里

讲述人：
湖南岳阳人、无人机航拍飞手

王敖

2023 年 9 月 12 日

扫码收看精彩内容

●王敖日常航拍工作

　　今年，是我持续拍摄洞庭湖的第十年。

　　"衔远山，吞长江，浩浩汤汤，横无际涯"，北宋文学家范仲淹写下的名篇《岳阳楼记》，描绘了洞庭湖"水天一碧"的美景。作为土生土长的岳阳人，洞庭湖的烟波浩渺是我从小推门就能看到的风景。小时候看洞庭湖，只觉得它很大：一望无垠的湖面，船只来来往往、川流不息。老人们说，洞庭湖的那一头就是长江。

　　长大些，我再看洞庭湖，怕要用一个"伤"字来形容。十几年前，那时的洞庭湖"遍体鳞伤"：抢夺湖砂的争斗频频上演；过度捕捞以及日益猖獗的非法捕捞，导致洞庭湖渔业资源严重衰退；大大小小的生产企业遍布湖区，大量污染废水直排湖中。洞庭湖的生态问题引发

●洞庭湖的那一头就是长江（王敖航拍作品）

●洞庭湖（王敖摄）

● 洞庭湖（王敖航拍作品）

广泛关注，改变迫在眉睫。2016 年以来，湖南先后推进五大专项行动、三年行动计划、八年整治规划，有效改善了洞庭湖的生态环境。

我最直观的感受是，最初拍摄时要有意避开的工厂码头，如今都已变身湖岸公园。洞庭湖环境的改善，也让我的镜头记录下了更多难忘瞬间。洞庭湖有三宝：天上飞的候鸟、地上跑的麋鹿、水里游的江豚，它们都是我航拍的主角。

为了保护江豚，我们划定了江豚自然保护核心区、缓冲区和试验区，设置明显的标志和界碑，制定核心区内全年禁渔制度。

变化肉眼可见，2019 年以来，我已经不用精准定位就能捕捉到"江豚家族"的身影。镜头中的洞庭湖，四季各有美景：你可以看到越冬迁徙到此的天鹅、大雁，常年栖息在枝头的白鹭，还有江豚的微笑、

●越冬迁徙到洞庭湖的天鹅（王敖航拍作品）

麋鹿的倩影……小时候词穷，如今再形容，今日的洞庭湖称得上是"沙鸥翔集，锦鳞游泳。岸芷汀兰，郁郁青青"。

航拍洞庭湖十年，我目睹了洞庭湖的"住客"由少变多，见证了成倍速推进的洞庭湖生态环境修复举措。如今，岳阳人在洞庭湖边吃着早酒赏湖光的日子又回来了。齐心协力"守护好一江碧水"，是每个岳阳人的担当。

八百里洞庭美如画，希望在这幅山水长卷里，山青水阔，江河永奔流。

专家解读

吉首大学副校长、教授 冷志明

如今洞庭湖的生态环境持续变好，老百姓的安全感、获得感、幸福感显著提升，谱写了人水和谐的新篇章。我们要将绿色发展、高质量发展转变成实践中的自觉行动，还要积极探索"绿水青山就是金山银山"的实现途径，创建生态效益、经济效益和社会效益协同提升的洞庭湖经验。

10
江湖两色，石钟千年

讲述人：
江西省九江市湖口县石钟山
景区讲解员

江莹莹

2023 年 9 月 14 日

扫码收看精彩内容

●鄱阳湖与长江交汇处，出现江水清澈、湖水混浊的"江湖两色"景观

　　在我美丽的家乡湖口县，有我国最大的淡水湖——鄱阳湖，有我国最长的河流——长江，鄱阳湖与长江在此交汇，湖口县因此得名。它是"江西水上的北大门"，素有"江湖锁钥，三省通衢"之称。

　　我的家乡不乏风景名胜、壮丽景观，而最值得称道的，莫过于大自然的鬼斧神工——"江湖两色"的奇特景观。在早春时节，鄱阳湖与长江交汇时，分界线清晰可见，出现了江水清澈、湖水混浊的江湖两色倒置奇观。不少网友看到图片后说，"像极了大型鸳鸯火锅"。

● "江湖两色"壮美景观

　　从西边奔涌而来的长江水更混浊，遇到了清澈的鄱阳湖，交汇时就产生了一条明显的分界线。在每年的涨水期和长江三峡放水期，受泥沙含量的影响，长江水呈黄褐色，鄱阳湖水显得更清澈一些。两水交汇，堪称奇观。而在枯水期，加上三峡关闸蓄水，则江湖两色出现倒置现象。天气晴好时，就是看"江湖两色"的最佳时机。

　　登上长江之岸、鄱阳湖边的石钟山，便可一览"江湖两色"的美丽景观。每当水浪撞击石钟山，响声就像洪钟一般，石钟山因此得名。石钟山的岩石敲击起来，还能发出清脆的声音。

●鄱阳湖的石钟山风景区

作为石钟山景区的讲解员，我不仅会给游客们讲解"江湖两色"的景观，也会说一说石钟山的历史文化。北宋时期，大文豪苏轼曾三次到访湖口石钟山，留下千古名篇《石钟山记》，也给长江沿岸的文脉添加了一分色彩。

每当我站在江湖之畔，带领南来北往的游客领略江湖山河之美，我都能切身感受到鄱阳湖生态保护与修复带给长江的变化，见证江西筑牢长江生态屏障、建设山清水秀美丽之地的扎实作为。水更清了、岸更绿了、家更美了，长江的生态底色越发厚重。江湖之水，从这里开始，携带着赣鄱儿女的情谊，一路向东，开启了长江下游的漫漫征途。

● 在石钟山上远眺，清晰可见"江湖两色"景观

专家解读

中国科学院地理科学与资源研究所旅游研究与规划设计中心总规划师　宁志中

　　"江湖两色鸳鸯锅"是一个非常有意思的景观现象，江湖两色景观奇妙之处在于它还会换颜色。鄱阳湖是中国第一大淡水湖，水位最高时湖泊面积超过4000平方千米，湖岸线有1000多千米，所以它在调节长江水位、涵养水源、改善气候、维护周边的生态平衡等方面起着非常大的作用。长江是我国重要的生态屏障，关系到人民生命财产安全，甚至粮食安全等。我们要统筹考虑水环境、水生态、水资源、水安全、水文化和我们的经济建设等各个方面，推进全流域的协同治理和协调发展。

11
每一只江豚我都认得

讲述人：
安徽铜陵淡水豚国家级
自然保护区饲养员

张八斤

2023 年 9 月 15 日

扫码收看精彩内容

江豚被誉为「微笑天使」

大家都叫我"江豚爸爸"。

江豚被誉为"微笑天使"，是长江流域独有的旗舰物种，也是长江健康状况的"晴雨表"。

平时早晨6点，我就会到保护区，给江豚们准备食物。鱼食都是一早从江对岸运来的，很新鲜。一般我都要再翻几遍，看看里面有没有坏的鱼，撒点盐消消毒。天气热的时候，还会往里面加点维生素，预防它们生皮肤病。江豚们不挑食，很多品种的鱼它们都喜欢吃，比如餐条、鲫鱼、鳊鱼、鲤鱼……

我们这片自然保护区，是一片夹江区域，在长江的和悦洲跟铁板洲之间。现在这儿一共有12只江豚。这里的每一只江豚我都认得。有一只母豚，出生的时候才四五斤，养到现在都长这么大了。最老的一头20多岁了，牙齿全部掉光了。还有最小的一只，是今年出生的，有30多斤了。

●每天送来的新鲜鱼食，张八斤都要再检查、消毒

●张八斤拎着一整桶新鲜鱼食去喂江豚

●张八斤正在给江豚投喂新鲜小鱼

●安徽铜陵淡水豚国家级自然保护区

　　我们这个自然保护区全长 58 千米，以前这附近有砂场、码头、船厂，后来全部被清理了，变成了美丽的滨江生态岸线。一到周末，会有不少游客沿着和悦洲的码头走过来看江豚。

　　为了避免江豚因近亲繁殖导致种质资源退化，2021 年的 4 月和 12 月，我们保护区的江豚跟湖北长江天鹅洲白鱀豚国家级自然保护区的江豚做了两次异地交换。这两次江豚迁移，我都参与见证了。

2020 年长江流域重点水域开始实行"十年禁捕"，之后《长江保护法》正式施行，长江里的鱼类资源逐渐得到恢复，江豚的生存环境也明显改善了。我听说，最近长江多段发现了江豚。江豚的数量多了，说明长江的水质肯定改善了。保护江豚是保护长江生态环境的一个切入点，也是关键点。

我的家就在长江的和悦洲上，以前我是干船运的。从 2005 年我当上江豚饲养员算起，到今年已经 18 年了。我亲眼看着保护区里的江豚，一只一只地增加。这些江豚就跟我的孩子一样。我今年 61 岁了，但是"江豚爸爸"这份工作，我还想继续做下去。我最大的愿望，就是每年都能看见保护区里新添一两只江豚宝宝。

专家解读

国家文化公园专家咨询委员会委员、北京师范大学环境学院教授　曾维华

长江江豚属于"极危"物种，素有"水中大熊猫"之称。过去，随着长江开发力度的不断提高，江豚面临船只噪音、螺旋桨、滥捕乱捞与水质污染等影响，数量急剧下降。长江实施"十年禁渔"，水域环境明显改善，浩瀚奔腾的江水中又能看到江豚逆流而上的身影了。"江豚爸爸"助力江豚繁衍壮大，也助力长江生物多样性保护水平提升与水生生态系统健康持续发展。

12

江海直达三万里

讲述人：

浙江欣海船舶设计研究院
设计工程师

高强

2023 年 9 月 16 日

扫码收看精彩内容

●浙江欣海船舶设计研究院设计工程师高强

我参与设计过很多船舶，"江海直达1号"是格外与众不同的一艘。

长江水系总通航里程约7万千米。作为我国水路运输的大动脉，众多大吨位的海船可以到达南京长江大桥下，却无法继续前进，只能在南京港进行转载作业，再往上游也是大船转小船。装卸费、等候时间等成本，让众多航运企业苦不堪言。南京长江大桥横亘长江之上，让人望江兴叹。建造一艘能直接通过的江海直达船迫在眉睫。

2018年4月5日，在一声鸣笛中，"江海直达1号"从浙江宁波舟山港起航，由东海入长江，向马鞍山港驶去。这是我国首艘江海直达船，它的投入运行，彻底改变了"海船进不了江，江船入不了海"的历史。

设计"江海直达1号"的过程，对我和同事来说就是"一场没

● "江海直达1号"是我国首艘江海直达船

有石头可摸的过河"。在2015年，江海直达船仅仅是一个概念，国内没有相关法规和标准，技术上也没有可借鉴的数据。海船进江，结构强度有富余；江船入海，抵抗风暴的能力又不够。如何提高装载量，还能过大桥，找到平衡，成为我们最大的难题。正常情况下，船只超过1万吨，过不了南京长江大桥。为了达到载重量两万吨的目标，我们调整了高强度钢的合理使用比例，通过优化船型尺度和有针对性地布置船体舱室，实现船在轻载的状态下可以安全通过南京长江大桥。

在设计的过程中，需要通过建模一点点地尝试，图纸一遍遍地修改，仅我负责的部分就修改过上千次。终于，历经一次次试错、调整，2016年，"江海直达1号"设计图纸诞生了。设计成型后，历时一年制造，2018年3月，"江海直达1号"正式交付使用。

2018年4月8日10点25分，一艘满载2万吨铁矿砂的船舶顺

065

● 高强在工作中

● 江海直达船「江海直达1号」首航

停靠马鞍山市

利通过南京长江大桥。

　　海纳百川，港通天下。船畅其运，货畅其流。我想，推动整个江海联运的物流链的建成就是"江海直达1号"最大的意义。而作为工程师，我希望我设计的船舶可以到达更远的地方。驰而不息，久久为功，奔腾不息的长江，正等着它们创造新的纪录。

专家解读

中国科学院地理科学与资源研究所旅游研究与规划设计中心总规划师　宁志中

长江是中华民族生生不息、永续发展的重要支撑。发展到今天，长江依然是黄金水道。我们坚持陆海统筹，实现江海直达，在长江经济带高质量发展中，发挥了巨大的支撑作用。浙江地处长江三角洲，通江达海，为实现我国生态优先绿色发展主战场、畅通国内国际双循环主动脉、引领经济高质量发展主力军的长江经济带发展目标做出更大的贡献。

13

一个人与一座城

讲述人：
南通博物苑讲解组组长

陆苒苒

2023年9月17日

扫码收看精彩内容

●南通博物苑中馆

●张謇故居

　　南通博物苑是中国最早的公共博物馆，由晚清状元、著名实业家、教育家张謇创办。从 2014 年大学毕业来到博物苑工作，"张謇"成为我每天提到最多的一个名字。他和"中国近代第一城"的故事，在我们博物苑里留下深深的印记。

　　南通地处长江之尾，沿江干线长约 166 千米，依江而生、因江而兴，也常年受淮河水患泛滥之困、长江岸线坍塌之忧。1853 年 7 月，张謇出生在长江边的南通市海门区常乐镇。他从小目睹水患，对治水表现出浓厚兴趣，年轻时就研读水利著作。他曾提出著名的"治江三说"，即"设立统一的治江机构""培养专门人才""统一规划、分段治理"。在张謇的呼吁下，北洋政府批准成立扬子江水道讨论委员会，我国近代长江流域水利工程建设由此拉开序幕。

　　作为"实业救国"的代表人物，从 1895 年的大生纱厂起步，张謇围绕棉纺织领域创办了大小企业 30 多个，形成了中国第一个规模较大的实业集团。同时，他主张"父教育而母实业"，通过教育来为

●上海大达轮步公司

●大生一厂

国育才。在张謇的带动和影响下，当时的南通共有师范、纺织、医学、农业等高等学校和职业专科学校近 400 所。

南通寄托着张謇的梦想，从发展实业、发展教育，到发展交通、发展公益，他将南通称作自己"廿三年寸寸而成之小世界"。1900年至1905年，他在天生港创办大生轮船公司，在南通和上海之间架起水运航线，江北小城由此打开通向"大世界"的窗口。

建医院，对赤贫者免收药金；开办贫民工厂，教授贫民子弟一技之长；设立残废院，收留肢体残缺的乞丐；创办盲哑学校，并担任第一任校长……正是在张謇的推动下，南通成为近代史上中国人最早自主建设和全面经营的"中国近代第一城"。

博物苑石额、家诫碑、大生纱厂的魁星商标……每件文物，我可能都讲解过几千遍，每一遍，我都希望听众能对这位"中国民营企业家的先贤和楷模"了解得多一点、再多一点。

从江海交汇的一方土地，到跨江而立的近代名城，有人说，没有一座城市像南通一样，一个人与一座城的关系如此紧密。士子、文人、状元、实业家、政治家、教育家、慈善家……集这些身份于一身的张謇几乎凭一己之力，让封建小城成为长江文明的光辉典范。实干、奉献、开明、有担当，"长江之子"的品格早已融入南通的城市气质，汇百川、向海去。

专家解读

国家文化公园专家咨询委员会委员、南京大学历史学院教授　贺云翱

张謇先生是中国民营企业家的先贤和楷模，他是我国传统农业文明向工业文明转型过程中的重要推动者之一。其秉持实业救国、科学救国及儒家仁者爱人、天地大德的理念，艰苦创业，顽强奋进，建成大生纱厂等 34 个企业、300 多所学校以及医院、垦牧公司、博物馆、公共公园、女工传习所等，促使南通成为中国近代第一城，也为我国近代工商事业和长江、黄河、淮河等水利事业做出了重大贡献。张謇先生真正做到了一个人成就一座城，成就了一番超越时代的事业。

14
码头到江海的距离

讲述人：
洋山港四期自动化码头
首席远程操作员

黄华

2023年9月18日

扫码收看精彩内容

●黄华在操作台前

　　洋山港四期目前是世界上单体规模最大，自动化程度最高的自动化码头之一。2017年12月10日，洋山港四期开港第一箱是我吊起来的。这个经历在我的职业生涯中非常难忘，看着第一个集装箱吊起来的时候，大家热泪盈眶。

　　我在传统码头开了将近12年的桥吊。那时候，桥吊司机驾驶室面积只有四五平方米，是距离地面45米高空上的一个狭小而密闭的空间。操作时，我们尽量少喝水，12小时都要一直保持弯腰低头的姿势，反复动作，劳动强度是比较大的。

　　我在大学学的是航海学。随着船舶的大型化，集装箱船越来越大，我觉得应该去船舶吃水更深的地方。所以那时候我有个想法，想来洋山港四期看一看，如何进行远程操作、在离码头一线百公里外进行集装箱的装卸。

●洋山港四期自动化码头的第一个集装箱

●洋山港是全球规模最大的自动化码头

●洋山港有黄华和同事们最喜欢的夜景

●远程操作台上，操作员们调控着 40 千米外的集装箱

刚接触自动化码头时，我们调试有时不是那么顺畅。比如指令与指令之间的衔接，集装箱与集装箱之间的调运比较慢，当时吊一个集装箱大概要 13 分钟多。

我们坚持了将近一年的时间，每天早上 7 点多就出门进行调试操练，到第二天凌晨两三点再睡觉，大家一起努力总结作业流程的方法。后来我们装卸 10 个集装箱只用了 4 分 20 秒，这是一个非常大的进步。

自动化码头也不是一蹴而就的，它要在不断积累的过程中去优化。现在，一部分的 ROS（远程操作）台搬到了离码头 40 千米以外的地方。自动化码头操作的环境也颠覆了传统码头的作业流程，一艘集装箱船靠港后，我们负责把船上的集装箱吊到设置好的安全高度，从去年的数据来看，每次平均花费 37 秒。

集装箱达到安全高度就进入自动化流程，之后所有的操作过程都是全自动的。整体码头的装卸效率相比传统码头提升了 30% 左右，节约了将近 70% 的人力。

洋山港四期一首连着长江，另一首沿海，得益于长三角经济带一体化，辐射千家万户。去年，整个上海港的集装箱吞吐量 4700 多万标准箱，连续第十三年集装箱吞吐量为世界第一，而洋山港的吞吐量占到上海港整体吞吐量的一半，这让我们非常骄傲。

从传统码头到自动化码头的从无到有，从有到大，感觉码头像自家的孩子一样。未来，随着一些新科技的运用，我相信我们的自动化码头会越来越好。

专家解读

武汉大学国家文化发展研究院院长　傅才武

长江既是一条生态长江、经济长江、文化长江，更是一条开放长江。长江不仅是世界大河中货运量高居第一的水运大通道、经济大动脉，还是中国内地文明与全球海洋文明交流互通的文明通道。上海洋山港的发展历程生动地说明，一条开放的长江如何连接起中国与世界，一条"横亘上万里，上下五千年"的东亚大河，如何承载着中华民族的过去、当下和未来。这就是开放的长江对于中华民族和当代世界的独特意义。

15

长江，我在乎

讲述人：
安徽宿州人、"绿色江河"志愿者

2023 年 9 月 19 日

扫码收看精彩内容

● "绿色江河"志愿者张乃川

　　"绿色江河"是四川省绿色江河环境保护促进会的简称，协会致力于长江上游地区自然生态环境保护。青山常在，绿水长流，是我们努力的目标，"绿色江河"的名字也由此而来。

　　最近有这么一句话挺流行的："青春没有售价，火车直达拉萨"，而我的火车直达的是海拔 4539 米的长江源沱沱河畔。2019 年，经过申请，我成为"绿色江河"的一名志愿者，第一次来到沱沱河。

　　说实话，一开始，我确实是抱了"看风景"的心思来到这里。我想着，这里人烟稀少，能有多少垃圾呢？但直到我真实地站在这片土地上，看到旷野上那一片片、一瓶瓶、一袋袋的不可降解垃圾就那么醒目地躺在那里，触目惊心。这里的垃圾不像城市垃圾那样集中地堆积在一起，而是随风移动。扔垃圾的人随手一扔，风把它们带到哪儿，

●长江源水生态环境保护站

它们就停留在哪儿。高原垃圾降解能力非常差，不可降解的垃圾四处飘荡，可能停留在高原上的任意位置。随之带来的后果是，它们可能被这里的野生动物误食，导致动物的死亡；或是污染了河道，使河道变窄，甚至消失。可这里是沱沱河，是我们的母亲河长江的发源地。

　　据统计，"绿色江河"志愿者每年在青藏高原捡拾 10 万件垃圾。近 30 年间，我和从全国各地奔赴而来的数以千计的志愿者一样来到高原，只做两件看似很简单的事：一是捡拾高原垃圾，二是宣传环保理念。

● 沱沱河风景

　　游客看到我们，会问差不多的问题：

　　"这么多垃圾你们捡得完吗？"

　　"是捡不完的！"

　　"那你们做这些事情有什么用呢？"

　　"因为长江，我在乎，他在乎。"当越来越多的人在乎，脆弱的、一吹就熄的烛火，就会变成火炬、变成火堆。

　　保护长江源头是一场接力马拉松，甚至是没有终点的，但你依然要去做，而对于我，这是一件融入生命的事，我会坚持到底！

● "绿色江河"志愿者捡拾的垃圾

● "绿色江河"志愿者们

● "绿色江河"志愿者们

最后，我也再次呼吁：请用克制给高原一分温柔与善意。保护长江源，从不扔垃圾开始吧！

专家解读

国家文化公园专家咨询委员会委员、中国林业科学研究院森林生态环境与自然保护研究所研究员　李迪强

要实现长江源头无垃圾，需要国家法律制度、公民行为准则、有效管护队伍，来实现长江的有效保护。首先应该对居民和游客进行生态环保方面的教育，建立村规民约。其次，垃圾处理的核心是减少垃圾的增量，应该在三江源国家公园建立生态保护队伍，对垃圾丢弃行为进行监管，清理垃圾，减少环境影响。最后，志愿者是环境保护的补充。通过环保志愿者的努力，宣传不丢垃圾，捡拾垃圾，清理垃圾，将环保志愿行为升级为全社会的行为准则。

16
越过"沟口"到西藏

讲述人：
昌都市江达县纪委监委第一纪检
监察室主任

王志松

2023 年 9 月 20 日

扫码收看精彩内容

昌都，藏语意为"水汇合处"，地处横断山脉和三江流域，也是西藏与四川、青海、云南交界的咽喉部位。自古以来，昌都就是"茶马古道"的要地。万里长江从"世界屋脊"青藏高原一路奔腾而下，到这一段已是浩浩大水奔流。江达县就坐落于长江上游金沙江畔，在藏语里是"觉普沟口"的意思。

岗托村位于江达县东部。1950年，十八军进军西藏解放昌都，在岗托村渡过金沙江打响了昌都战役第一枪。岗托村得到解放，这里

● 岗托村——打响"昌都战役"第一枪的地方

● 江达县的十八军渡江遗址

● 横跨金沙江的金沙江大桥

●康巴歌舞表演

成为西藏第一面五星红旗升起的地方。1950 年 10 月 24 日，昌都战役结束，西藏历史翻开了新的篇章。

70 多年过去，现在江达县的十八军渡江遗址、岗托战斗纪念馆、纪念雕塑以及十八军军营旧址等众多红色文化景点吸引着八方来客，也为江达县带来了发展的新契机。

走进岗托村，最受欢迎的景点之一就是横跨金沙江的金沙江大桥，桥的两端分别连接着西藏江达县和四川德格县。站在桥上，眺望两岸层峦叠嶂的山峰，让人不禁感叹大自然的鬼斧神工。

在这里，最快乐的事情莫过于"洒咧"。"洒咧"是一句藏语，意思是在春暖花开的季节，带上亲朋好友，到风景最秀丽的地方，享受康巴美食，观赏康巴欢乐的歌舞。

曾经，这里作为"茶马古道"要地，马铃声悠扬。如今，独特的红色文化、自然风光、民族风情，让江达县成为许多进藏游客的首站"打卡地"。

江水滔滔亘古奔流，记载着多少过往。而这片江水润泽的古老的土地，正在焕发勃勃生机。

专家解读

中国科学院地理科学与资源研究所旅游研究与规划设计中心总规划师　宁志中

良好的生态是社会经济文化发展的基础。长江源地区既拥有天然独特的自然风景，也拥有丰富多彩的人文景观。正确处理好保护与发展的关系，发挥旅游业资源消耗低、环境影响小和文化传承度高、社会就业带动大的产业优势，科学推进生态、文化、旅游的深度融合发展，是提升长江源地区人民幸福感、践行高水平保护和高质量发展理念的重要途径。

17
护一川江水向东流

讲述人：

云南省昆明市滇池管理局综合行政
执法支队滇池渔业检查站站长

杜海军

2023 年 9 月 21 日

扫码收看精彩内容

●云南省昆明市滇池管理局综合行政执法支队滇池渔业检查站
站长杜海军

　　滇池被誉为"高原明珠"，是云南省最大的淡水湖，孕育了多姿多彩的古滇文化。滇池湖水在西南海口泻出，经川字闸导入螳螂川、普渡河，汇入金沙江，最终流入长江。它不仅是昆明的母亲湖，更是长江上游生态安全格局的重要组成部分。

　　20 世纪 80 年代，大量工业、生活污染物排入滇池，滇池的生态环境不断恶化，引起国家层面高度重视，从"九五"规划开始，连续 4 个五年规划把滇池流域水污染防治纳入国家"三河三湖"重点流域治理规划。按照省、市的决策部署，我们全体滇管人通过多年来的不懈努力，2018 年至今，滇池水质由劣 V 类变为全湖Ⅳ类，并且连续五年稳定保持在Ⅳ类。

　　2015 年，我加入了昆明市滇池管理局渔业行政执法处，成为一名渔政执法人员。我们的队伍被称为渔政执法"兄弟连"，由 17 名

●滇池风景

●渔政执法"兄弟连"工作中

●渔政执法"兄弟连"工作中

●渔政执法"兄弟连"工作中

队员组成。

乘着快艇在湖里搜巡、收缴、清理刺网、抛网、敷网、笼、壶等违禁网渔具，2020年开展"十年禁渔"工作以来，我和队员们昼夜接力守卫着滇池，与划着橡皮筏子、开着大马力舢板的偷捕者斗智斗勇。通过持续严查猛打，滇池流域重点水域禁渔期间聚集性垂钓、湖体内违法偷捕现象杜绝，滇池"十年禁渔"工作取得明显成效。

● 滇池流域生态环境改善，鸟类增多

　　我每年有一半时间在执法船上，乘快艇驰骋在滇池水面巡查，看似酷炫实则艰辛。一路乘风破浪，快艇颠簸不断，每隔两三秒就会像车子轧过大石块一样咯咯作响；一个浪打过来，敞开式快艇毫无遮挡，冰冷的水珠直落到人身上；为了避开大浪，快艇还时不时来个急转弯，甩得人眩晕想吐。而这，只是成为一名渔政执法人员面对的基本考验。夜晚的巡查更是充满挑战，我们常常要与盗捕者"正面交锋"。

　　好在一切都是值得的。在我做渔政执法工作的 8 年里，滇池流域生态环境得到了显著的改善。水清了，周围的鸟类越来越多，非法捕捞也得到了有效遏制，曾经"四围香稻，万顷晴沙"的美好滇池又回来了。经过多年持续的生态修复工作，滇池湖滨已初步形成相对闭合的环湖生态带。工作间隙，我爱站在岸边眺望，看水天一色，一群群鸟儿在湖面飞翔。我也爱记录滇池的美景，并把照片分享给亲人朋友。保护滇池、守护长江，我自豪，更骄傲！

专家解读

国家文化公园专家咨询委员会委员、北京师范大学环境学院教授　曾维华

1996年国务院发布的《关于环境保护若干问题的决定》，将滇池纳入重点治理的"三河三湖"。国家累计投入700多亿元，对滇池流域水系统进行了系统性治理与修复，水生态系统健康状态也逐步得到改善。作为滇池的守护者，渔政执法"兄弟连"是保护滇池水生生物多样性的尖兵，有他们夜以继日、不辞劳苦的守护，才有滇池焕发勃勃生机，恢复为高原璀璨明珠的今天。

18
看大船"天上"游

讲述人：
贵州省构皮滩发电厂
工程管理部主任

袁晓斌

2023 年 9 月 22 日

扫码收看精彩内容

● 通航建筑物及大坝全貌

　　我所在的水电站有一个非常特殊的景象，就是"水往高处走，船在天上游"。通过我们建设的空中水运航道，高原上的乌江"黄金水道"不再有通航的难点。

　　大学一毕业，我就来到了构皮滩，14年的工作里，我每天都能看到乌江，两岸绝壁之下，奔流的江水打起浪花。作为长江上游南岸的最大支流，它也是贵州最重要的水上通道。

　　历史上的乌江被称作"天险"，千里乌江肆意流淌在高峡深谷间。

● 大坝带尾水

在构皮滩水电站修建前，原有库区河道弯曲、水流湍急、险滩密布，大乌江镇以上河道均不能通航。乌江流域梯级电站建成蓄水后，淹没了多处天然险滩，航道及水域条件大幅改善。

但在构皮滩升船机投运前，货船在上游和下游之间还需要通过公路中转才能进入下一河段，一趟就要耽误一到两天时间。

为了解决船只来往的问题，2011 年，我们开始在已建成的构皮滩水电站一侧开建一条 500 吨级的行船通道，通俗地讲，就是让轮船

●大坝前库区面阳光版

坐电梯、过大坝。

　　而难就难在，这个电梯要跨越 230.5 米的大坝。

　　如何把下游的船抬高到水电站上游河道？我们罕见地采用了三级垂直升船机，船舶相当于需要乘坐三个"超级电梯"。

　　其中，第一、三级采用船厢下水式垂直升船机，最大提升高度分别为 47 米和 79 米，而第二级垂直升船机提升高度达到 127 米，是目前世界上单级提升高度最高的升船机。从下游进入上游，货船坐在

●进水口

●大坝通航全景航拍

　　"电梯"当中和水一起被提起来，通过通航隧洞穿越山体，再驶过42层楼高的空中航道，货船就这样在构皮滩实现了"天上行舟"。

　　为了保证这个超级工程安全稳定运行，我和同事们十年如一日坚守工作岗位，有一年我在工地现场连续待了336天。在我们的努力下，工程一天天从蓝图变为现实，开展了大量升船机关键技术研究，解决了行业内的技术难题，依托先进装备制造企业的优势"定制装备"，我们用的钢丝绳技术标准比航母所用的钢丝绳还要高。

　　经过十年建设，2021年6月，构皮滩通航工程正式投入试运行。

　　如今，来往船舶只需一个多小时就可以轻松跨越构皮滩230多米的大坝，500 吨级船舶自此可以一路直达长江干流。

　　乌江重现百舸争流，展现的是一片繁荣新气象。乌江依然奔流，天险还在，天堑已在大国重器的一升一降里，化为无形。我从小就知道，乌江的前方是长江；如今，我知道，前方的长江并不远，坐个电梯就到了。

专家解读

中国科学院地理科学与资源研究所旅游研究与规划设计中心总规划师　宁志中

　　乌江是长江上游南岸最大的支流，干流总落差超过 2000 米，径流量接近黄河。构皮滩水电站不仅充分利用了乌江丰富的水能，而且克服了高山峡谷地形限制，创新性地建设了一条"天上的航道"，提升了乌江的通航能力。这为贵州北部的乌蒙山地区、东部的武陵山西部地区，造就了一条连接长江黄金水道的经济、便捷的通道。这一超级工程既体现了我们治水利水的智慧与技术，也为这一地区带来了新的发展机遇。

19
熠熠"三星"辉

讲述人：
三星堆博物馆讲解员

何俊岷

2023 年 9 月 23 日

扫码收看精彩内容

●三星堆博物馆讲解员何俊岷（受访者供图）

　　长江水又东，到成都平原，润泽万物。在长江上游支流沱江的
分支——鸭子河，它的南面有一座形似月牙状的台地，再往南，有三
座连绵起伏的小土堆，俗称"三星堆"。三星堆的发现，向世人展示
了长江流域和黄河流域一样，同属于中华文明的母体，而三星堆也被
誉为"长江文明之源"。

　　青铜大立人像、青铜纵目面具、金面具、青铜神树等三星堆的"明
星文物"相信大家都已不陌生，今天，我将为大家再讲解两件三星堆
博物馆的宝藏文物，带大家感受三星堆文物背后长江之水融合的文明
基因。

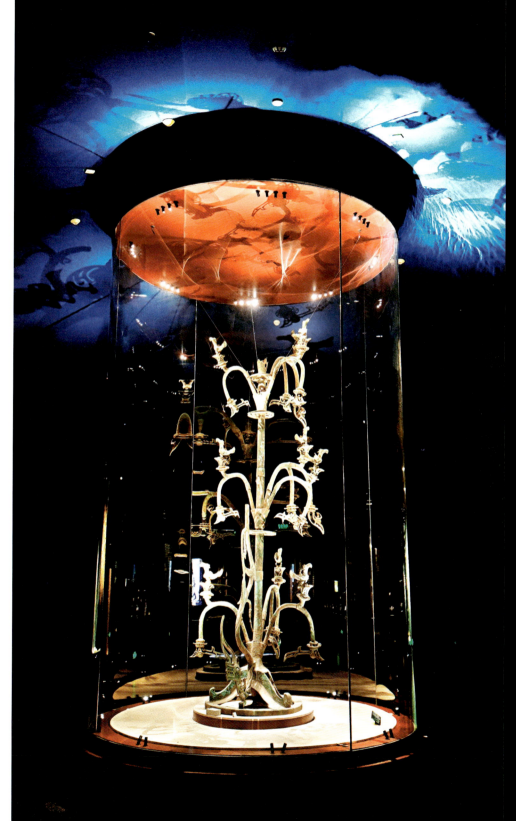

我为大家讲解的第一件文物，叫神树纹玉琮，它出土于三星堆遗址祭祀区三号坑。玉琮的器型通常是内圆外方，在古代文献的记录中，它是一种祭祀大地的礼器。而神树纹玉琮，由整块灰白色玉料加工而成，在玉琮对应两面线刻有神树纹样。有趣的是，带有神树纹的玉琮前所未见，但是，玉琮的器型，却曾在长江下游的良渚文化中尤为发达并大量出土。

● 神树纹玉琮（三星堆博物馆供图）

● 新石器时代良渚文化玉琮（浙江省博物馆供图）

位于长江上游的三星堆和位于长江下游的良渚，出土了类似的玉琮，这是不是可以反映长江流域不同文明的融合？可以说，三星堆和良渚"共饮长江水"后，出现器物上的相似也就不足为奇了。但这件器物并不是三星堆一味地模仿和继承，而是因为它的器身出现了前所未见的三星堆独特的神树纹刻样，仿佛三星堆在交流了良渚的器型后贴上了自己的文化"logo"。由此可见，三星堆在汲取长江流域其他文化的同时，还会结合自身文化加以创新创造，从而孕育出独特的三星堆文化。

我要为您讲解的第二件文物，是青铜龙虎尊，它出土于三星堆遗址祭祀区一号坑。尊的肩部有三条游弋的龙，尊的腹部有浮雕的老虎食人的造型，因此称为"龙虎尊"。

三星堆龙虎尊的特殊之处，在于它有一个可称之为"孪生兄弟"

● 三星堆遗址和安徽阜南出土的龙虎尊（三星堆博物馆官方微博供图）

●三星堆博物馆新馆（三星堆博物馆供图）

的"双胞胎"，那就是1957年出土于长江中游安徽阜南的另一件龙虎尊。如果大家同时见到这两件器物，会发现它们的相似度高达90%以上，二者在造型、纹饰上几乎相同。只是安徽出土的略显精致，相比之下，三星堆的就被广大游客戏称为"不太上心尊"。那么究竟是三星堆人"学艺不精"，还是安徽匠人掌握了"精加工"技术？目前考古界尚没有准确论断，但不管怎样，它背后最能反映的还是长江流域文化的交流。

透过三星堆抽象的青铜造像、神秘的符号图案，我们可以窥见古蜀文化鲜明的地域特色，感受中华文明的多样性。历史为我们留下的一件件文物,也揭示着三星堆与中原及长江中下游地区的文明对话。山水相隔，文化传播，器物先行。在长江流域所见的一件件精美器物，不仅是艺术、生活与技术的载体，也是中华文明文化交流、文化传承和文化认同的实物见证。

专家解读

中国科学院地理科学与资源研究所旅游研究与规划设计中心总规划师　宁志中

　　三星堆文明证明了早在夏商时期，长江上游地区的文化与中原文化就有着一定的联系，证明了长江流域与黄河流域同是中华民族的发祥地，长江流域存在过不亚于黄河流域地区的古文明。三星堆文明已成为近年来的"文化网红"，其遗址面积规模之大、文化历史之久远、文物类型之丰富、器物技艺之精湛，表明了长江文化、中国古代文化的多样性和丰富性，蕴含了巨大的历史、考古、文化、科学、教育、旅游价值，对长江国家文化公园建设具有重大意义。

20
垂直三峡

讲述人:
高空摄影师

王正坤

2023 年 9 月 24 日

扫码收看精彩内容

●王正坤镜头下的西陵峡

●巫峡里的"齐天大圣"

● 王正坤高空航拍三峡

我曾经是一名空降兵，我所在的部队就是舍身堵枪眼的钢铁战士黄继光生前所在部队。退伍后，我成为一名高空摄影师。十多年来，我拍的三峡是垂直的。

作为空降兵跳伞的时候，我感受到了透过白云看大地的奇妙。后来，我看到了纪录片《话说长江》，我就想追着云拍三峡。从2006年到现在，我几乎走遍了三峡所有的高峰。从坐着直升机到无人机贴着悬崖绝壁，从半山到山顶，我从不同的高度拍三峡，三峡的春夏秋冬都是非常美的。

有人说三峡大坝修建以后，三峡就没那么"险"了。这么说的人一定没看过我拍的赤甲山"三峡之巅"、白盐山、望霞村的悬崖绝

●王正坤向老乡们展示照片

壁，还有集仙峰、飞凤峰……那都是大写的"险"。

以前我是背着相机，相机上卡一根快门线，在悬崖峭壁上架三脚架，把相机悬空支出，突破人体极限找角度。现在我可以借助山峰的高度，飞起无人机，从高空拍摄三峡的壮阔。我发现，在巫峡神女峰上空垂直拍摄，整个巫峡山形就神似齐天大圣孙悟空的脸形映在峡江里，这是只有"垂直"角度才能看到的三峡。

垂直角度还能看到三峡不一样的"绿"。我拍的照片里，有绿

●老乡家里的微缩版"长江经济带"

油油的山脉、长势喜人的大树。当我走在长江边，还能看到绿水和数不清的鱼。很多人问我，说你发的朋友圈，长江的水是不是调过颜色了？现实中的江水有这么绿吗？我说不是，水就是这么绿。如今的三峡，一江碧水，两岸青山，灵动的鸟儿、山林中的野鹿，这是任何滤镜都模拟不出来的美。

相比多年前，拍"垂直"照的难度一直在变小。以前拍三峡之巅，得先绕到巫山那边去，从县城开车要 4 个小时，再走山路，走 1 个小时才能到老乡家。现在上山的路修好了，以前上山需要开越野车，如今家庭轿车也能上山，20多千米的山路现在1个小时就能到达。

我们还把老乡的农房打造成"摄影之家"，从以前很简陋的土坯房，慢慢修成了民宿的样子。现在，这样的民宿在三峡有10多家，民宿里挂着很多我的三峡摄影作品，长江沿岸城市和三峡自然美景串起了微缩版的"长江经济带"，让更多的人看到了三峡的美。

对我来说，摄影不仅是我的爱好，也是我的使命。我希望能以更加新颖的角度来记录三峡的变化，记录三峡老乡们的变化，记录长江的变化，记录我们生活的变化。

专家解读

中国艺术研究院副院长、研究员　李树峰

以航拍视角拍摄三峡的自然景观，它的气象、景色和地貌形成一种气势磅礴的、垂直观看的视角，展现了三峡险峻的美。沟壑有多深，各个岭的脊就有多垂直，这种拍法很新颖，有一种背负青天朝下看的气度，有一种包容力在自己胸间的状态。我们在照片里看见了群山的巍峨，也看见了大江的奔流；我们沿着自己的内心上溯历史，从中华民族复兴的角度，去看这一片地域里的水脉、地脉和人脉融合，显示了中华民族的博大、深厚、宽广。

118

21
岳阳天下楼

讲述人：
岳阳楼讲解员

谭安

2023 年 9 月 25 日

扫码收看精彩内容

"先天下之忧而忧,后天下之乐而乐",因为一句话,向往一座楼、一份职业。

长江沿岸城市,几乎都有亭台楼阁,而要说"文因楼生,楼以文传",许多人第一个想到的恐怕就是岳阳楼。我常给游客讲解的岳阳楼主楼是一座黄色琉璃瓦的三层盔顶式建筑,修建于清代光绪六年也就是1880年,有着143年的历史。再往前追溯,岳阳楼始建于三国时期,为东吴大将鲁肃所修建的阅军楼,距今已有1800多年,历朝历代重修重建了50多次。长江之滨、洞庭湖畔,千百年来,源自岳阳楼的忧乐精神影响了一代又一代中华儿女。

旷世奇文《岳阳楼记》写于庆历六年,也就是1046年。当时,范仲淹收到被贬官至岳州的好友滕子京"为楼求记"的书信和一幅《洞庭秋晚图》。那时的他,虽然刚刚经历了庆历新政失败的颓废、被贬官后的落差、理想抱负不能实现的遗憾,但仍然欣然写下"不以物喜,不以己悲,居庙堂之高则忧其民,处江湖之远则忧其君"。从此,岳阳不再只是一个汇名山名水名楼于一体的古城,更因其丰富的精神内涵而成为历代有志之士的"灵魂栖息地"。

"先天下之忧而忧,后天下之乐而乐",这是范仲淹一生为家国忧、为人民忧、为社稷忧的写照。"衔远山,吞长江,浩浩汤汤,横无际涯,朝晖夕阴,气象万千",范仲淹如此描绘长江畔的岳阳楼;他的担当和悲悯,则为岳阳楼注入"忧乐精神"之魂,穿越千百年历久而弥新。穷也能兼济天下,这是比范仲淹形容的胜景更为"气象万千"的精神丰碑。

传承是一种态度,一种信仰!尽管"政通人和,百废具兴"时

● 岳阳楼的古城墙

● 岳阳楼主楼

● 远眺岳阳楼

重修的岳阳楼在30多年后就毁于一场雷电大火，但经过一代代人修缮，今天在岳阳楼，我们仍能看到风光无限和先贤伟业。华灯流光之下，簪花仕女，古装少年，或抚琴焚香，或秉烛夜读，或剑走游龙，置身其中，仿佛穿越时空。与近千年前相比，岳阳楼的风貌当然大不相同，但范仲淹所倡导的"先忧后乐"，为自己也为后人的立身处世构建了一个高卓的道德坐标。看岳阳楼，我们看景，更看人；我们看先贤的济世情怀，也看自己的内心。

从"昔人已乘黄鹤去，此地空余黄鹤楼"的黄鹤楼，到"昔闻洞庭水，今上岳阳楼"的岳阳楼，再到"落霞与孤鹜齐飞，秋水共长天一色"的滕王阁，滚滚长江向东奔流，江边的楼阁成为时间和风骨的见证。岳阳楼一直在，长江一直在，我们的精神，一直在。

专家解读

中国科学院地理科学与资源研究所旅游研究与规划设计中心总规划师　宁志中

"忧乐精神"体现了家国情怀、担当意识、民本思想、变革理念。忧乐精神既源于中华优秀传统文化中的以天下为己任的家国情怀、居安思危的忧患意识、自强不息的进取精神和淡泊名利的人生境界等文化基因，也深深地影响了千百年来中华文化的发展。我们应该发扬光大忧乐精神，铸牢中华民族共同体意识，涵养社会主义核心价值观，凝聚中华民族伟大复兴的磅礴力量。

22
一桥飞架南北

讲述人：
桥梁设计师

刘亦奇

2023 年 9 月 26 日

扫码收看精彩内容

●武汉长江大桥的今昔

　　我是一名桥梁设计师，来自"建桥国家队"——中铁大桥局。有着"万里长江第一桥"之称的武汉长江大桥就是我的前辈们设计建造的。

　　滔滔江水之上，从武汉长江大桥开始，已建成的大桥有百余座，每一座桥都有着自己的故事。

　　对我们武汉人来说，桥的故事格外多。小时候的语文课本上、玩具上、自行车上乃至学校发的笔记本上都印着"桥"。1995年，

● 1995 年，武汉长江二桥通车现场

武汉长江二桥通车，爸爸妈妈一左一右牵着我，被人流推着登上大桥。我记得密密麻麻的后脑勺和周围欢快的笑声，也记得桥下的风景和霓虹灯。

桥，是属于武汉的骄傲。

这份骄傲到底是什么？直到 2015 年，24 岁的我入职中铁大桥局时，我才明白，那是一份让"天堑变通途""知其不可为而为之"的骄傲。

1955 年武汉长江大桥初建时，刚刚成立的新中国一穷二白，百废待兴，建造这座大桥所用的 12000 吨钢材全部从苏联进口。但前辈建设者们并没有被动地等待，他们靠着公式反复推演，手绘出一张张图纸，研究出了新工艺——管柱钻孔法，把属于中国人的智慧与尊严

●武汉长江大桥

刻上了桥梁的每一处。正是这样建成的大桥，可以在屹立近70年后，仍"结实得像个青年"。

成为桥梁设计师后，我对桥的精神有了新的认识，对造桥的技艺也有了更深的理解。

这几年，我参与了五峰山长江大桥的建设。它和武汉长江大桥一样，是一座公铁两用桥。而与几十年前不同的是，它已经是世界上首座能跑高铁的悬索桥，也是目前荷载重量最大的铁路悬索桥。五年多的建设期里，我频繁往来于镇江和武汉，每一次的短暂分别，大桥的建设都以"中国速度"飞速向前推进。

作为桥的孩子，我可以骄傲地说，我们造出的五峰山长江大桥，用上了全球直径最大的悬索钢缆，仅两根主缆钢丝相连就有1.73亿米，

● 五峰山长江大桥

足以绕地球 4 圈。我们采用了多项新工艺、新技术，创造了多项世界纪录。其中不少代表着未来跨江大桥的技术突破方向。

而作为长江的孩子，我更可以骄傲地说，我们的设计，可以确保桥梁不对长江黄金水道的航运造成影响。

2021 年，五峰山长江大桥南北公路接线建成开通。看着桥面上车流平稳驶过的那一刻，跨越时空，武汉长江大桥和眼前的五峰山长江大桥好似重叠在了一起。这一路，大桥承载了多少光荣与梦想，值得我们永久铭记、传承。

造桥的我，已看过快 30 座长江大桥，还有更多的大桥等我去打卡甚至设计。每一座桥建成之时，曾听见怎样的欢呼、承受怎样的激动，长江不会忘记。从武汉长江大桥起步，"中国桥梁"征服江河湖海、深山峡谷，正走向更广阔的天地。

专家解读

国家文化公园专家咨询委员会委员，中国艺术研究院建筑与公共艺术研究所

所长、教授　田林

1957 年，武汉长江大桥建成，一桥飞架南北，天堑变通途，写下新中国桥梁史话的首章。而今，长江干流建成的大桥已经超过 140 座。

武汉长江大桥不仅仅是长江桥梁建设史上的伟大成就，更是我国从一穷二白到建立全球最完备规模最大的现代化工业体系的历史见证，展现我国劳动人民逢山开路、遇水架桥的勇气和艰苦卓绝的努力。

23
万里长江一酒杯

讲述人：
中国科学院鄱阳湖湖泊湿地
观测研究站站长

徐力刚

2023 年 9 月 27 日

扫码收看精彩内容

站长徐力刚

● 中国科学院鄱阳湖湖泊湿地观测研究站

　　在长江中下游南岸，有中国最大的淡水湖泊——鄱阳湖。鄱阳湖南北长 173 千米，东西平均宽度 16.9 千米。16 年来，我去过湖面的几乎每个角落，最喜欢的还是落星墩。

　　落星墩是鄱阳湖中一座面积约 1800 平方米的千年石岛。岛不大，但名气不小。北魏郦道元在《水经注》里说："落星石，周回百余步，高五丈，上生竹木，传曰有星坠此以名焉。"在古代，人们认为这个岛，是天上的星星落入凡间形成的。新中国成立后，经专家考证，这个岛是造山运动的产物。

　　落星墩上有一塔、一楼、一坊和一亭，很多时候，大隐隐于水下。每年 10 月到来年三四月份，鄱阳湖进入枯水期，水位渐渐下降，成为一片壮阔美丽的草原，落星墩才会露出它的全部面容。等到枯水期结束，随着水位逐渐上升，落星墩再次被浩荡的湖水淹没，石岛上的

● 丰水期的落星墩

● 露出全貌的落星墩

131

●鄱阳湖湿地

植物和古建筑也会一同入水。从古至今，落星墩凭借这奇幻的美景，吸引四方来客一睹真容。

　　2007年，我从江苏来到位于江西的中国科学院鄱阳湖湖泊湿地观测研究站工作，主要从事鄱阳湖湿地生态环境保护研究。

　　水位涨落本是自然现象。鄱阳湖水位受赣江、抚河、信江、饶河、修河五大江河来水和长江干流水位的双重影响，出现枯水期也有天气、地形、水文等多方面原因。今年夏天，鄱阳湖水位在6月30日达到15.18米后，很快以每天20厘米左右的速度迅速回落，仅仅20多天，

鄱阳湖的面积就从 2590 平方千米缩小到 1520 平方千米。湖泊的面积和容量都在快速缩小，湖面上逐渐露出了一片片沙滩和草地。

鄱阳湖湿地是我国首批 7 个国际重要湿地之一，也是亚洲最大的候鸟越冬地。鄱阳湖高变幅的水位波动情势，造就了独特的湿地生态过程，其相对完整的湿地景观和生态系统，在世界湖泊生态系统中极具代表性和研究价值。

落星墩很美！让鄱阳湖更美，还需要我们进一步加强湖泊湿地的科普教育与宣传，让更多人参与到生态环境保护工作中来。未来我们将重点关注鄱阳湖及洪泛湿地生态系统结构优化与功能提升，以保障通江湖泊生态安全与水安全为目标，为长江中游湿地生态修复与生物多样性保护提供科技支撑。

千百年来，落星墩矗立于鄱阳湖中，见证了历史的烟波浩渺。王安石说它是"万里长江一酒杯"，李白曾感叹"楼船若鲸飞，波荡落星湾"。如今的落星墩依旧流光溢彩，我会以我的最大努力，继续守护它、守护鄱阳湖。

专家解读

国家文化公园专家咨询委员会委员、中国水利水电科学研究院高级工程师　万金红

作为我国面积最大的淡水湖，鄱阳湖是长江中下游平原最具节律性的湖泊。秦汉以后彭蠡古泽的萎缩与隋唐以来鄱阳的诞生与发展，充分体现了自然节律与人类开发的共同作用。隋唐时期多雨的气候促使枭阳古县陆沉，鄱阳湖起；宋元时期大规模的围垦，以及明清时期极大繁盛，促使湖区水体萎缩自然调节能力减弱。过去1000多年来，人进湖退、湖进人退的图景频繁上演，共同构成了鄱阳湖区自然社会双螺旋结构。正如徐力刚站长期望的那样，只有加强湖区自然社会过程研究，保护鄱阳湖生态环境，才能让落星墩变得更美。

24
江水送来黄梅声

讲述人：
黄梅戏演员

韩再芬

2023 年 9 月 28 日

扫码收看精彩内容

●韩再芬

　　我住在长江边，我最爱的黄梅戏，也流行于长江边。如果说长江像母亲一样养育着我们，那么黄梅戏一定就是我们耳边最亲切的呢喃。

　　安庆位于长江下游北岸、皖河入江处，素有"万里长江此封喉，吴楚分疆第一州"的美称。10岁那年，我来到安庆，进入剧团学习。学习间隙的一天，我登上了振风塔。这座塔几百年来一直屹立于江边，也被称作"万里长江第一塔"。站在塔上，我俯瞰长江，宽阔的江面缓慢而磅礴地流动。年幼的我，第一次感受到空间和时间交织相融的

●韩再芬对演员进行指导

●韩再芬对演员进行指导

韩再芬饰演倾宁夫人

震撼，第一次懵懂理解隐藏在黄梅戏中那股刚强力量的源泉。也就在那一刻，我下定决心，一定要留在安庆，学习黄梅戏。

黄梅戏唱腔淳朴流畅，有很丰富的表现力。表演质朴细腻，以真实活泼著称。一曲《天仙配》让黄梅戏流行于大江南北，在海外也有很高的声誉。

我们有一句老话，叫"出门三五里，处处黄梅声"。长江孕育了黄梅戏，沿江地区的黄梅戏氛围更是浓得不得了。过去，为了满足长江两岸观众的看戏需求，戏班都是用扁担挑着行头坐船，一路沿着长江演出。

我小时候可真没少坐船。学戏第三年，就跟着老师走南闯北，去了武汉、九江、南京好多地方。船每靠一个码头，我们就下船演出。那时候唱了什么，我只能依稀记得一些；但我清楚地记得，那时候的长江，还没有现在这种长长的堤坝。

都说黄梅戏以抒情见长，唱腔淳朴清新、细腻动人。在我看来，其实"刚柔并济"这四个字才最能表达黄梅戏的气质内涵。就好像它成长的地方——安庆，是一座江北的城市，它既有南方的灵秀，又有北方的豪迈。这样的文化孕育出的黄梅戏，好像壮阔而秀美的长江，有柔音软语，更有丰厚力量。

因为黄梅戏的这个特征，这些年我们创作了很多例如《倾宁夫人》《邓稼先》等传承民族文化、演绎时代故事的新唱段。加上黄梅戏本身唱腔很流畅、青春化，容易流行、便于接受，所以传播效果很好。

我们这里有句话，"安庆人，是唱着过的"。黄梅戏早已内化为大家的生活方式。无论是清晨还是黄昏，江边的广场、城市步道，都能看到有人拉着二胡唱黄梅戏。没有正式舞台，没有布景，只有唱戏的人认认真真地唱，听戏的人自自在在地听。每当看到这样的场景，我都特别感慨。我爱舞台，更爱这座有戏的城市；爱黄梅戏，更爱滋养着黄梅戏传承发扬的长江。

专家解读

中国戏曲学会会长、中国艺术研究院戏曲研究所所长　王馗

長江通过水系流域内的河流湖泊，在千百年来，牵带经济、勾连商业、福泽中国。江上众多的码头城镇，以文化中心的职能定位，荟萃交融南北东西的文化形态，以强大的文化包容力和文化辐射力，融汇出时代的新艺术，创造文化的新形态，展示着地域群众的情感、心灵和精神变化。黄梅戏因长江而成型发展，亦因长江而扎根深远，成为中国戏曲艺术在现代蜕变中的重要代表之一。乡土气息浓郁的土腔小调，经过城市文化、商业文化的洗礼升华，经由长江文化的输送，传遍大江南北。

25

织出万千世界

讲述人：
江苏省非物质文化遗产南通
缂丝织造技艺代表性传承人

王玉祥

2023 年 9 月 29 日

扫码收看精彩内容

●王玉祥接受"中国之声"采访

　　我出生在长江边的一个纺织世家，从小就对传统美术非常感兴趣。我的祖辈在张謇的大生纱厂开创之初就迁来了南通，我家三代人在大生纱厂工作。

　　缂丝是中国传统的珍稀丝织艺术品，2500多年前就有文字记载。它的织造工具是一台木机，以及几十个装有各色纬线的竹形小梭子和一把竹制的拨子。区别于一般织锦"通经通纬"的织法，缂丝织造技艺主要体现为"通经断纬"。织造时，艺人坐在木机前，按预先设计勾绘在经面上的图案，不停地换着梭子来回穿梭织纬，然后用拨子把纬线排紧。织造一幅作品，往往需要换数以万计的梭子。古人有"妇人一衣，终岁方就"之说，说的是织造的漫长和寂寞；还有一句"一寸缂丝一寸金"，说的是这份匠心和坚持的价值。

●木梭

　　缂丝流行于隋唐，繁盛于宋代，被历代文人墨客称为"织中之圣"。到南宋，缂丝的生产重心随着政治中心南迁转移到了长江下游江浙一带，缂丝织造也成为长三角地区最具代表性的传统染织技艺之一。

　　缂丝在古典名著《红楼梦》中多次出现，尤其是以凤姐儿身上的衣物居多。不过，因织造工艺复杂，这项工艺曾几乎湮灭在历史长

●电视剧《红楼梦》剧照

●王玉祥

河中。

　　1979年，南通工艺美术研究所开始复原失传已久的引箔缂丝技艺。凭借着一张日本的引箔缂丝和服腰带的古物残片，经过六个月的

144

● 缂丝艺术品《春禽花木图》

146

不断摸索，我们率先复原出引箔缂丝技艺。当时我们走了很多弯路，经常通宵达旦，没日没夜地试验和研究。

直到现在，缂丝仍无法通过机械来加工，其色彩的丰富和细腻度，是机器无法实现的。即便是熟练工人，一般一天也只能织出一两寸素地缂丝，遇到图案繁复、花色细腻的画稿，一天只能织出几厘米。而且，这个过程中有任何一点差错，整件作品就不得不作废。"寒来暑往，终成一物"，缂丝技艺因复杂，才更难得。

"三年学成，十年学精"，手艺传承从来不易。最近十几年，我把大部分时间花在了带学徒上。我带过上百个徒弟，有人半途而废，也有许多人出师，包括我自己的儿女也成了传承人。

通经断纬，刻江海古韵；雕画如梦，织千年繁华。一生爱一事，是一件非常幸福的事，而我也将终一生热爱，专注于缂丝织造技艺，也希望通过我的努力让更多人了解缂丝，让大家感受传统工艺的魅力。

专家解读

国家文化公园专家咨询委员会委员、南京大学历史学院教授　贺云翱

长江流域是我国非物质文化遗产的沃土，沿江各类非遗资源极其丰厚。缂丝，作为我国传统的珍稀丝织艺术品，它以高超的"通经断纬"为技艺特点，创作时花工费时，工艺复杂，优秀作品罕见，自古就有"一寸缂丝一寸金"的盛誉。江苏南通的王玉祥先生多年来坚持保护、传承缂丝织造技艺，并授徒讲学，为古老的缂丝技艺留存做出积极贡献。历史是人民用汗水和智慧书写的，包括长江非遗在内的长江文化保护传承发展必须有人民参与，成果由人民分享。王玉祥先生，正是这方面的代表人物之一。

26

一片"冰心"寄清流

讲述人：
生长在长江边的 95 后"新渔民"

郑冰清

2023 年 9 月 30 日

● 95后"新渔民"郑冰清

我从小生活在长江边，我的爷爷是渔民。我是95后"新渔民"。

"刀鱼鲜、鲥鱼肥、河豚美"，小时候，家乡的长辈常念叨这些让无数吃客垂涎的"长江三鲜"。但是由于环境污染、捕捞过度，到我出生前，长江江阴段已经难觅"三鲜"的踪迹。1993年，长江里的鲥鱼卖到了500元一斤，不久就"有价无市"；紧接着，野生河豚的售价一路飙升，1995年突破了每斤2000元大关。我的爷爷郑金良看在眼里，1997年，他弃商从渔，一头扎进了河豚的养殖当中。

几年时间，几次赔本，爷爷以野生河豚作为亲本，成功突破了人工繁殖技术，繁殖出数十万尾健康的河豚苗。2002年时，每条河豚苗能卖5元钱，还供不应求，但爷爷决定，将鱼苗放流长江。别人说爷爷傻，但他说，今天的放流，就是为了明天的长江，难道我们忍

● 河豚

心自己的下一代只能从图片上认识河豚吗？ 2002年6月9日，爷爷牵着6岁的我登上了放流船。那天，船停在长江上，爷爷放流了40万尾河豚苗和300多尾一斤左右的河豚。

很多人管我爷爷叫"长江放流第一人"，在我眼里，他就是最普通的"爱鱼人""爱江人"。鱼苗基地、实验室、大棚养殖场、鱼塘……这些都是我从小跟着爷爷经常去的地方。从2002年到现在，连续21年的长江放流活动，从观众到参与者，我从来没有缺席过。截至2022年，我和爷爷已累计向长江放流河豚等珍稀鱼类和四大家鱼鱼苗超1.7亿尾。

● 郑冰清和爷爷郑金良在实验室

● 郑冰清和爷爷郑金良向长江放流鱼苗

● 养殖基地

我大学学习的也是鱼类养殖相关的专业。读研期间，我已经在长江濒危鱼类的养殖、淡水石首鱼的全人繁育、濒危淡水贝类等课题上有所突破，毕业时有多家公司想高薪聘用我，但我还是选择回乡创业。

出于工作需要，我会经常待在养殖温棚里，常常一待就是一天，每天衣服和鞋子不知要干湿几回，很多外人觉得这份工作又脏又累，但我和爷爷一样，乐在其中。目前，我们已经建成了全国最大的鲥鱼绿色增殖基地。

2021年，长江流域重点水域"十年禁渔"全面启动。对长江，对爷爷和我长期的努力，这都是一个振奋人心的消息。与此同时，如何帮助上岸渔民转产增收，也成了当务之急。

●河豚渔村

　　对上岸渔民来说，水产养殖无疑是一条理想的出路。遇到农户、养殖企业的咨询，我们都是倾囊相授。比如，有很多农户也想养鲥鱼，我们会帮他们实地测量、设计养殖池；遇到商品鱼销路不佳，我们也会一起想办法，拓展销路。如今，鲥鱼养殖业已成为江阴及周边地区发展最快、效益最好的特种养殖业。

　　从"靠江吃江"到"爱江护江"，爷爷用放流的方式守护一方水清鱼跃，作为江边长大的孩子，我也有责任与义务，接过渔业养殖"衣钵"和长江放流的"接力棒"，让我的孙辈，依然能站在长江边说，看，那是鲥鱼。

国家文化公园专家咨询委员会委员、南京大学历史学院教授　贺云翱

让万里长江水清鱼跃，是保护长江生态的重要目标之一。江苏省江阴市渔民郑冰清和她的爷爷郑金良多年来坚持培育野生鱼苗，相信他们的善心爱举已经使长江多种鱼类繁衍生息，也让国家"十年禁渔"行动成效更显。如今，千百年来生活于长江上的渔民已经成功实现从"靠江吃江"到"爱江护江"的业态转型，并通过发展特种养殖业寻求到新的经济道路，只有这样，才能够确保长江生态保护行稳致远，人地和美！

27

古船归来见繁华

讲述人：
上海市文物保护研究中心副主任

翟杨

2023 年 10 月 1 日

扫码收看精彩内容

●长江口二号古船整体打捞现场

过去十多年，我一直在参与长江口二号古船考古与文物保护工作。这艘我国迄今为止水下考古发现的体量最大的木质沉船，我们一路"盲人摸象"，揭开了它的神秘面纱。

2022年11月21日凌晨，在长江口横沙岛东北部北港航道，长江口二号古船被成功打捞出水。倏忽百年，包裹着久远的江海记忆与上海往事，这艘船仍是沉没时的样子。

上海凭海临江，自古航运繁忙。长江黄金水道与东海交汇处，水文泥沙地貌情况复杂，古时候航运条件恶劣。我们曾猜想，这里可能埋藏着沉船等水下文化遗产，这正是近代上海作为东亚乃至世界贸

●随长江口二号古船出水的部分文物

易和航运中心的实物例证。

　　2010 年开始，我和团队走访了上海几乎所有渔村，获得了水下文物最初的线索。20 世纪六七十年代，长江口水面上曾有一根木船

●长江口二号古船桅杆出水画面

桅杆，只有潮位低的时候才会露出水面。但时间久远，长江口的地形又不断变化，是否真的有一艘沉船？如果有，如何找到它？都是我们曾面临的难题。

2015 年，我们经历了一次惊喜和失望。当时我们在长江口崇明横沙水域发现了一艘保存较为完整的铁质沉船，但这艘被证为民国时期军舰的沉船并不是我们心中的目标。考古工作有时候就是这样，以为有突破，其实回到原点。我们将这艘铁质沉船命名为"长江口一号"。很幸运，继续扩大搜索范围后，我们发现了木质古船"长江口二号"的踪迹。

长江口水浊流急、瞬息万变，水下伸手不见五指。虽然确定沉船位置，但打捞工作仍是"大海捞针"。水下调查勘探工作持续了近 7 年，无数次的深潜换来了古船最终的出水。

160

●翟杨在展示出水文物"嫁妆瓶"

●长江口二号古船的出水文物"绿釉杯"

　　2022年11月20日深夜，我国自主研发的古船整体打捞专用工程船"奋力轮"灯火通明。第二天凌晨零时40分，百年沉船重见天日。

　　随着"奋力轮"装载着古船平稳进入上海船厂旧址1号船坞内，

我们对着跨越历史的"时光宝盒"，开启考古发掘、文物整体保护和博物馆建设规划的新阶段。古船出水的600多件陶瓷器上，上海开埠之初的中外文化交流印记清晰可见。上海从东南壮县崛起为国际都会的往事、海上丝绸之路上文明交流互鉴的硕果，一艘船，告诉我们许多事。

翻开厚重的历史，需要厚重的力量。今天的考古人有代代相传的坚韧和决心，更有水下考古的中国技术、中国经验、中国方案。从海上到上海，古船"唤醒"了长江口远去的记忆。那时的风雨没能侵蚀人们远航的勇气，现在的浪潮也无法阻挡我们去探寻历史的决心。长江口二号古船以另一种方式乘风破浪，这是我们努力的价值。

专家解读

国家文物局考古研究中心副主任　孙键

长江是中国的一个大动脉，大量的生产物资、生活物资通过长江向长江下游、沿海地区输送，到上海以后再出长江口向南北两个方向输出。长江口二号这艘沉船对于我们研究长江文化以及上海历史来说都是非常重要的。它能反映出上海19世纪40年代以来对中国近代经济的影响，通过长江把内陆和沿海地区以及海上丝绸之路连接起来，成为一个非常重要的关键节点。长江就像血管一样，也从文化上完成了血脉的联系。

28

我家的牧场叫"长江"

讲述人：
新型牧民

查荣索巴才仁

2023 年 10 月 2 日

扫码收看精彩内容

●新型牧民查荣索巴才仁

我的牧场在长江源头。

1996年，我出生在青海省玉树藏族自治州治多县的一个牧民家庭。小时候，我和爷爷奶奶、父母一家14口人，生活在治多县治渠乡江庆村的夏洛牧场。因为我的家乡在长江源头，所以后来我们叫它"长江一号牧场"。

在我不到10岁时，我和弟弟到县城上学，全家搬到了治多县城。一直到大学毕业，我成为西北民族大学的一名辅导员，儿时的牧场都是我心中无法割舍的一部分。从小，爷爷就告诉我，牧场是我们的根，我也一直很想为家乡、为牧场做点什么。

●长江一号牧场

●牧场上翻修过的房子

●游客体验牧场生活

治多县是三江源区三大天然牧区之一，随着一些牧民到城市发展，牛羊的数量逐渐变少，民俗文化也渐渐失色。

2018 年，一次机缘巧合，我接触到了"卓巴仓计划"。"卓巴"在藏语里是"牧民"的意思，而"仓"是"家"的意思，合在一起，就叫"牧民之家"。通过建设卓巴仓亚洲水源生态牧场，应对青藏高寒草原生态系统失衡和青藏游牧文明传承衰微的问题，这一下我听到了内心的召唤。这一年，我辞掉高校的工作，回到牧场。

我家的长江一号牧场成为最早的"卓巴仓"建设试验地。从 2019 年 3 月开始，我把牧场房子做了翻修，向着"零污染牧场"建设迈出重要一步。牧场有原生态的植被、成群的牛羊和清澈见底的长

●长江青年志愿服务队进行冬季生态监测

　　江水源，加上更新的设施，传统游牧生活方式有了展示的窗口和保留
的契机，我们也试着带动旅游。

　　　试验的成功让周围很多年轻人跃跃欲试。我们凑在一起，成立
了长江牧场联盟。我给大家培训如何做一名新型牧民，这样既改善了
牧民的生活条件，也提高了他们的接待能力。我们尝试对接旅行团，
开展牧场生态游学项目，让游客在长江边的牧场上感受牧民生活，体

验生态监测巡护工作。游客中，有的是离开牧区的孩子，回来寻根；有的来自大城市，在这里和大自然深度接触，寻找心中的诗和远方。

作为长江边上的牧民，我们更重要的职责是保护生态、保护水源。大部分时间里，牧场采取"弹性巡护"的方式，对野生动植物进行保护。在必要的监测期，我们会组建志愿服务队监测和巡护小组，小组成员中有牧民、行政工作人员、大学生，大家制订详细的巡护计划，完成牧场保护地生物多样性的种类和分布调查。

现在，已有 11 户牧民自愿加入长江牧场联盟。我们也持续增收，稳稳端起"生态碗"。爷爷说，牧场是我们的根。如今，我们的根越扎越深，根系向着四面八方延伸。

专家解读

国家文化公园专家咨询委员会委员、北京师范大学环境学院教授　曾维华

查荣索巴才仁的故事是个人责任和社会参与的典范。这种社区合作和资源共享模式为生态保护和共同繁荣树立了典范。与此同时，他通过生态旅游项目，使游客亲近自然，深化了他们对生态保护的理解。这促进了公众环保意识的提升和长江源可持续生态旅游事业的发展。他通过保护生态环境改善当地居民生活，实现可持续发展。他不仅改善了自家牧场，还激励了年轻人，通过建立长江牧场联盟，提高了当地居民的生计。他的经验表明，生态旅游不仅带来经济效益，还促进文化传承和生态保护，为社区和自然环境带来积极影响。他的故事为生态旅游提供了有益启示。

29
从头再测江河

讲述人：
中国科学院空天信息
创新研究院研究员

刘少创

2023 年 10 月 3 日

扫码收看精彩内容

● 1999 年至今，刘少创到达了全世界 19 条河流的源头

　　"精确而无偏见地描述世界"，这是我的工作，也是我的追求。

　　1976 年 7 月，我国对长江源头进行首次综合科学考察，长江长度由 5800 千米修正为 6300 千米。"长江是我国第一大河，全长 6300 千米"，这句话我们耳熟能详。但我相信，"精确"是相对的，尤其是在遥感技术得到广泛应用之后，长江仍然是 6300 千米吗？从 1999 年开始，我揣着卫星遥感影像，到达了全世界 19 条河流的源头。

　　我测的第一条江河是澜沧江。从澜沧江源头考察回来后，我特意向我的导师王之卓先生进行汇报，顺便想炫耀一下技术。老师说，澜沧江很重要，但长江对中国更重要，你为什么不把长江源头也研究一下呢？我很快出发了。

刘少创与团队在澜沧江源头考察

长江的长度为什么"变"？长江本身的长度并没有明显变化，主要是测量技术的改进和起止点的不同造成的变化。相比"技术"，测量长江长度过程中争议更大的是"源头"。国际上有关河流的正源确定问题并没有普遍的原则，大多数研究者遵循"河源唯远"的原则。"河源唯远"就是把距离入海口最远的源头作为这条河流的源头，最远的源头对应的源流作为这条河流的正源。

2000年，我与课题组的同事们利用卫星遥感影像，对长江进行反复测量和实地考察，最终提出长江的正源是发源于唐古拉山北麓的

171

● 2000 年，刘少创第一次到达唐古拉山北麓的当曲

●刘少创与科研团队合影留念

当曲。源头的坐标为东经 94° 35′ 54″，北纬 32° 43′ 54″，海拔 5042 米。从这里算起，长江的长度是最长的，即 6236 千米。

长江长度几十千米的变化，对长江沿岸居民的生活几乎没有什么影响，但它反映了我们对地球了解程度的加深，并可能成为国家重要的地理信息数据。

江河壮丽，测量江河的工作却需要轻装简行。每次出发，遥感影像、地形图、手持 GPS、笔记本和必备物品，一个背包就能装下；车上除了我，一般只有司机和向导。每次出发，高原反应、体力不支、风沙等气候影响都不算太大的困难，当一条条大河流通过自己的努力，它的源头被重新发现，河流长度数据也被更新时，我深感自豪。

23年过去了，我们第一次到达长江源头时，团队成员一路骑着马抵达目的地。2008年，我们再次考察长江源头时，骑马变成乘车，不变的是我们寻找江源的郑重和一次次重测引发的学术争鸣。事关我们的母亲河，再小的事也是大事。"精确描述"，这是我能为母亲河几十年如一日做的事。

专家解读

中国科学院地理科学与资源研究所旅游研究与规划设计中心总规划师　宁志中

探明江河源头既从地理上界定了流域的空间范围，也从文化上明确了流域文化体系构建的范畴，就能够进一步探明长江源地区文化的特征和历史演变，有助于厘清长江上游与中下游文化的关系。探明江河源头是摸清地理国情的最基础工作，它回答了"我们的家园在哪里""我们的国家长什么样"的问题。长江是中国第一大河流，探明长江源头有助于强化中华民族的地理认同、文化认同，进而强化中华文明认同。

30
茶马古道今犹在

讲述人：
贵州黔西南布依族苗族自治州
普安县茶农

冉应欢

2023 年 10 月 4 日

扫码收看精彩内容

●曾经的普安县白沙古驿道是出黔入滇的重要通道

在我的家乡，有一段至今保存完好的茶马古道。千百年前，我们的"黔茶"就是沿着蜿蜒的古驿道，被运往码头、口岸，又沿着更广阔的长江去往大江南北。

茶马古道源于古时西南边疆的茶马互市，兴于唐宋，盛于明清。历史上，贵州地区在茶马互市中占有极其重要的地位。

我们贵州有西南马种中唯一能用作战马的"水西马"，而茶是购买马匹的主要物资。好山好水出好茶，低纬度、高海拔和适宜的气候、土壤环境等天然优势，造就了"黔茶"。

岁月更迭，马蹄声远了，茶香却从未改变。

我的家乡普安位于北纬25°的"黄金产茶带"，有两万多株世界上最古老的四球茶树。它们在深山茂林、悬崖河谷、田边土坎繁茂地生长，被誉为"可以喝的活化石"。

● 普安的四球茶树是已发现的最古老、最大的古茶树之一

● 茶山景象

● 茶山景象

曾经的古驿道掩映在青绿之中，马蹄印仍清晰可见

　　小时候，每到春天，妈妈都会带着我们去茶园采茶，采下茶树上的嫩芽，把采好的茶装进背篓，背在身上，翻过一座座山去寻找收茶工厂。这家不收我们就找下一家，很多时候回到家都是凌晨了。

　　高中毕业后，我离开家乡到深圳打工。我发现，我的一个老板每天喝茶、聊天就把生意谈成了。那个时候我不禁感慨：这真的就是我们家乡那片小小的叶子的魅力吗？

　　2013 年，我回到了家乡，想方设法进入一家茶企从零学起，从茶叶的加工到茶园管理，从"茶历史"到"茶文化"，关于茶的一切我都想了解并掌握。

如今，我的生活与茶密不可分。我们这里的茶园面积也不断扩大，我们合作社的茶叶种植面积由 30 多亩增加到 1300 多亩。小小的茶叶让茶农的生活越来越有盼头。我们依靠种茶、采茶、制茶，大家的日子红火了起来。

贵州古往今来一直与茶共生，不仅是茶的发源地，也是茶文化的发祥地之一；不仅是饮茶文明的开端，更是茶叶贸易和茶工业现代化的起点。

今天，在普安县白沙乡卡塘村，还能看到一米多宽的白沙古驿道。栈道上，残存的马蹄印，见证了往昔古道上的商贸兴衰，也见证着茶文化的源远流长。茶马古道的路线几乎纵贯整个长江上游干支流的腹地河谷。长江与茶叶，历经千年，始终相伴相随。

专家解读

湖北大学历史文化学院特聘教授、中国长江文化研究院院长　郑晓云

茶马古道是长江上游文明中的一个符号。河道穿越崇山峻岭，在这样的地理环境中，不同民族、不同区域之间人们的沟通就要靠商贸。茶马古道就在长江流域上游构建起了一个广阔的商贸通道，这个通道不仅沟通了各地区的经济，也沟通了人们之间的文化交流、社会交流，使长江上游文明得以充实、夯实，成了一个大的文明。

31
甘孜秘境

讲述人：
四川省甘孜藏族自治州
文化广播电视和旅游局局长

2023年10月5日

扫码收看精彩内容

四川省甘孜藏族自治州文化广播电视和旅游局局长刘洪

　　我的家乡在四川省甘孜藏族自治州雅江县，雅江因依长江支流雅砻江而得名。甘孜，这颗位于长江流域的明珠，有自己独特的魅力。我在甘孜从事文旅工作20多年，近几年，我开始在短视频平台上宣传甘孜，为这片美丽的秘境"圈粉"。

　　甘孜州地处青藏高原东南缘，是长江上游的重要水源涵养地和生态保护屏障。甘孜的美，离不开长江的滋养。金沙江、雅砻江和大渡河进入甘孜州境内后，不约而同地由北向南，不断汇聚、容纳支流，涓涓细流变成磅礴江河，把生机和活力注入了这片土地。甘孜拥有丰

● 贡嘎银峰（木雅丁真摄）

富的森林、草地、湿地资源，是四川省最主要的天然林分布区。

稻城亚丁、贡嘎雪山、海螺沟……这些著名"打卡地"相信大家早已不陌生。就在今年，文化和旅游部推出了10条长江主题国家级旅游线路，覆盖四川、重庆、云南等11个省市。其中，甘孜的一些精品旅游线路入选。比如海螺沟景区入选长江自然生态之旅线路，稻城亚丁入选长江风景揽胜之旅线路，泸定县红军飞夺泸定桥纪念馆入选长江红色基因传承之旅线路等。我希望游客们来甘孜旅游时，能在绿水青山中感受到自然之美、生命之美、生活之美。

绿色生态是甘孜州最大的优势和最鲜明的发展底色，保护好这

●甘孜州泸定桥

张"名片"，我们义不容辞。为切实筑牢长江上游重要生态屏障，我们实施了长江流域全面禁捕工作。甘孜历来是增进各民族交流、交融的重要走廊，南亚丝绸之路和茶马古道的特殊历史渊源和地理位置，成就了甘孜州浩瀚如海的民族文化。

千百年来，先辈们用脚步丈量山川，用双手创造生活，留下了格萨尔、德格藏戏、稻城阿西土陶等一大批世界级、国家级非遗技艺。依托丰富的自然资源，甘孜还发展起了绿色产业、清洁能源。今年6月，甘孜州雅江县柯拉乡的柯拉光伏电站并网发电，汩汩绿能从圣洁雪域

●甘孜白玉察青松多自然保护区

输送到了城市乡村的万户千家。

依江水而生，因江水而美，因江水而富，长江水哺育了一个生态绿、产业强的甘孜。而守护好我国长江上游的生态，保护好青藏高原的环境，更是甘孜的责任和担当。

四川中华文化促进会副会长、成都大学副教授　何小东

　　四川甘孜州保存有世界上最完整、最原始的高山自然生态系统之一，集中了青藏高原向云贵高原过渡地带所有的自然之美，呈现出世界最美丽的高山峡谷自然风光。甘孜州同时有独具特色的香格里拉文化，其特色是人与自然和谐统一、生态多样共生、社会祥和安宁。甘孜州的自然景观也是香格里拉文化的一个重要组成部分，人文景观与自然景观交相融合，相得益彰。具有长江上游生态安全屏障重要地位的甘孜，应当主动扛起"上游担当"，把长江经济带建设、水生态保护和高质量发展放在首要位置，护航长江上游美丽生态。

32

"白鹤"亮翅

讲述人：
三峡集团白鹤滩工程建设部
高级工程师

刘战鳌

2023 年 10 月 6 日

扫码收看精彩内容

●白鹤滩水电站大坝全景

　　白鹤滩水电站位于云南省巧家县和四川省宁南县交界的金沙江干流上，是当今世界综合技术难度最高、单机容量最大的水电站。

　　金沙江从青藏高原奔腾而来，一路南下，撞进横断山的大峡谷中，5100 米的天然落差占长江干流总落差的 95%，蕴藏着丰富的水能资源。白鹤滩水电站所在的位置，河谷狭窄，两岸山体岩石较好，天然就是建设水电站的最佳场所。

　　1958 年，国家计划在白鹤滩兴建特大型水电站；1959 年，人迹罕至的金沙江河谷迎来了首批 300 多名水电勘测队员。当时，我国的经济实力还不足以支撑水电人的梦想。

　　从 1991 年项目再次启动，到 2021 年白鹤滩水电站首批机组投

● 奔腾的金沙江水在白鹤滩转变为清洁电能

产发电，水电人经历了漫长的 30 年。而我，也在 2016 年，光荣加入白鹤滩水电站的建设队伍之中，从原材料源头和混凝土生产浇筑过程为这项工程把关护航。

白鹤滩水电站是世界级工程，它的建设面临的都是难题中的难题。坝址区地震基本烈度为Ⅷ度，在地质条件复杂的坝基上建设 300 米级的特高拱坝，我们要开发高新技术，也要用上"绣花功夫"。

最高温度 43℃，最大风力 13 级，混凝土温控是大坝防裂的重要因素。我们在大坝中埋设了几万支传感器，它们如同植入大坝体内的"神经元"，构成大坝的"神经网络"。从 2017 年 4 月 12 日到 2021 年 5 月 31 日，1510 个日夜，我们几乎全程逆风作业。让我们骄

●我国自主研制的白鹤滩全球单机容量最大功率百万千瓦水轮发电机组

傲的是，从开始首仓浇筑到全线浇筑到顶，803 万立方米的大坝没有产生一条温度裂缝。

建白鹤滩水电站，目标从来不只是"完成"，而是"最好"。

今天的白鹤滩水电站，水轮发电机单机容量世界第一，地下洞室群规模世界第一，无压泄洪洞群规模、300 米级高坝抗震参数、圆筒式尾水调压井规模世界第一。还有一项"第一"对我来说更有特殊意义，全球首次在 300 米特高拱坝全坝使用低热水泥混凝土，这个"世界第一"，正是我的工作内容。

2022 年 12 月 20 日，白鹤滩水电站最后一台机组完成 72 小时试运行，至此，白鹤滩水电站 16 台百万千瓦水轮发电机组全部投产发电，

●绿电东送：白鹤滩的清洁电能点亮长江沿线万家灯火

其一天发电量就可满足 50 万人一年的生活用电。

从万里长江第一坝——葛洲坝工程开工建设，到兴建世界最大水利枢纽工程——三峡工程，再到白鹤滩水电站全面投产发电，世界最大"清洁能源走廊"的建设跨越半个世纪。

来自金沙江畔的清洁电能以每秒 30 万千米的速度翻山越岭、跨江过河，穿越四川、重庆、湖北、安徽，直抵浙江、江苏。通过特高压输电，1 度电走完这 2000 多千米，用时只需 7 毫秒。

白鹤展翅，点亮万家灯火。7 年坚守，我见证着眼前的荒山深谷变成高峡平湖，如今的"白鹤"羽翼丰满，每一次振翅，都带着"中国创造"的骄傲，带来绿色的清风。

专家解读

华中科技大学水利水电科学研究院常务副院长　李超顺

白鹤滩水电站全面投产标志着我国在长江上建成世界最大的清洁能源走廊。从三峡工程到白鹤滩水电站，中国的水电事业经历了从"跟跑""并跑"到"领跑"的发展。如今，中国水电在开发利用、技术创新、运行管理、效益发挥等方面均实现了跨越式发展。未来，在"双碳"目标引领下，长江经济带还将赋予我们水资源综合利用、生态环境保护、防洪减灾、绿色航运等发展新动能。

33

守望百年晴雨

讲述人：
水利部长江水利委员会水文局长江
中游水文水资源勘测局岳阳分局
负责人、城陵矶水文站站长

唐聪

2023 年 10 月 7 日

扫码收看精彩内容

●城陵矶水文站站长唐聪

城陵矶水文站位于全长约 7.5 千米的洞庭湖出口水道上，距离洞庭湖入汇长江口约 3.5 千米，是长江流域国家重要自动报汛站之一。

"八百里洞庭"自城陵矶汇入长江，城陵矶水文站也被誉为洞庭湖和长江流域水情的"晴雨表"。这是因为洞庭湖来水复杂，北纳长江的松滋、太平、藕池三口来水，南和西接湘、资、沅、澧四水及汨罗江、新墙河等小支流，而洞庭湖唯一出口就是城陵矶。

另外，洞庭湖在长江中下游地区的防洪中起着调洪、蓄洪和错峰的作用。可以说，整个洞庭湖的防汛工作，是以城陵矶水文站水位进入或者退出警戒水位为判断标志的。如果城陵矶水文站出水顺畅的话，就代表着长江中下游地区防汛形势较好，反之，防汛形势就很紧张了。

●长江防洪预报调度系统截图

●绿顶、红柱、黄墙的"六角亭"

　　当好"晴雨表"的重要任务就是为防汛和抗旱收集基础资料，我们日常监测的内容，最主要的就是水位、流量和泥沙等方面。

●新生代机器人"全感通"

监测水位，城陵矶水文站有着绿顶、红柱、黄墙的"六角亭"，它像一位哨兵，值守在洞庭湖与长江交汇处，守望着流经眼前的江水。"六角亭"是一幢建筑，也是一种监测手段。亭子下面与洞庭湖水相连，我们通过亭下水位的高低就可识别江河水位的高低；亭中，有一块屏、一幅挂图、一套水位计的装置，日夜不停地记载着水位数据。这些年，我们也对"亭子"进行了改造，现在不光能看到水位了，通过一体机屏幕还能看到实时流量等信息。

今年年初，城陵矶水文站拥有了长江流域首台集成展示水文监测数据的新生代机器人——"全感通"。灰白色的立体装置，高达4米，"八"字形的黑眼睛使头部看起来像个"囧"字，方形肚子里装满电子芯片。只要轻轻一碰肚子外面的电子屏，实时水位、流量、含沙量等数据就会显现。这也是我们水文现代化工作的一个标志性成果。

如果说水位、雨量自动记录是老水文人种下的一棵大树，那么，推广水文现代化工作就是我们这一代水文人正在播种的另一棵树。等这棵树长成以后，不仅水位不再需要人工观测，很多数据都可以自动监测、整理，极大减轻了人工观测的压力。

今年，城陵矶水文站等22处水文站被我国水利部列为首批百年水文站；明年，城陵矶将迎来120岁生日。将近120年的时间里，水文监测数据几乎没有中断过。

自古文明依水而兴。沿江而生的一座座水文站，驻守在大潮奔涌的长河两岸，见证着水文事业日新月异的蓬勃发展，连接起长江水文的过去和现在，延伸向清流永续的未来。

专家解读

中国水利水电科学研究院减灾中心副主任　杨昆

每到汛期，长江中下游地区发生洪水时，城陵矶水文站的水位总是牵动着大家的心。城陵矶水位不仅关系到洞庭湖尾闾区域的防洪安全，而且关系到长江干流城陵矶河段的防洪安全。每次洪水，城陵矶河段的调度目标都不同，有时是为了控制城陵矶站不超警戒水位，尽量减少对生产生活的影响；有时是为了避免蓄滞洪区的运用，减少人员转移和财产损失；有时是为了保障重要堤防和重点区域的安全，打出"底牌"科学合理地调度运用蓄滞洪区。随着长江流域防洪工程体系不断完善，城陵矶附近蓄滞洪区运用概率逐步降低，城陵矶水文站也将在新时期不断发挥其防洪保安、保供水、支持生态环境可持续发展等多方面的作用。

34
共此青绿

讲述人：
时任江西省九江市文化广电新闻出版
旅游局局长

徐卿

2023 年 10 月 8 日

扫码收看精彩内容

●九江最美长江岸线

　　有着"千河归鄱湖，鄱湖入长江"之称的江西，拥有长江岸线
152 千米，是长江中下游生态屏障的重要支撑。而这壮美的 152 千米
长江岸线，全部在九江市。依水而建，依山而起，绿水青山是九江这
座赣北城市最厚重的家底。

　　九江古代被称作浔阳，长江流经的九江段古称浔阳江。提到浔
阳江，也许您会首先想到著名诗人白居易的那首《琵琶行》，"浔阳
江头夜送客，枫叶荻花秋瑟瑟"。当年白居易在一个秋夜来到浔阳江
头送客时挥笔写就的名篇，给九江留下了一张亮丽的文化名片。后人
为纪念白居易，在送客处建起了琵琶亭。

　　为保护好长江沿线的文化遗迹，去年，长江国家文化公园（九

●琵琶亭

江段）启动建设，以琵琶亭为主体，串起锁江楼、浔阳楼等历史名楼，建设"最美长江岸线"，复原"诗意长江"。我们充分利用长江岸线的自然风光和人文景观，串珠成链，连点成片，推进生态文旅融合，不断提升滨水岸线活力。如今的九江最美岸线，多元文化底蕴与特色旅游资源交相辉映，给沿江生活的百姓提供了休闲好去处。

随着长江国家文化公园（九江段）的逐步建成，九江市民和各地来浔的游客纷纷来到这儿，漫步文化公园，打卡名胜古迹。漫步江畔，白居易眼中的萧瑟早已不再，江岸绿意葱茏，船只往来穿梭，一派繁华景象。

水，犹如九江这座城市的血液，润泽了九江的自然风貌，激活

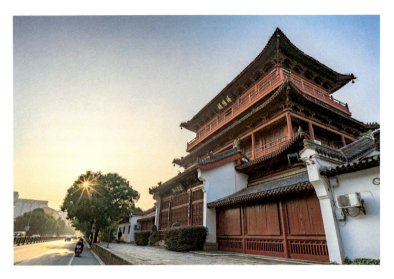

●浔阳楼

●长江国家文化公园（九江段）

了九江的发展脉动。152千米长江岸线，是九江经济社会发展的命脉。江西全省97%的地表水取道九江汇入长江，每年注入长江的水量约占长江径流量的七分之一。因此，九江肩负着"一湖清水入江、一江清水东流"的重大使命。近年来，围绕"共抓大保护、不搞大开发"的发展思路，九江也更加注重生态保护，奏响了一曲新时代的"琵琶行"。

作为水陆交界地带，长江岸线既是港口、临港产业及城镇布局的重要空间，也是长江生命河的生态屏障和污染入江的最后防线。各地长江岸线的建设，让一幅幅动人画卷在长江岸边徐徐铺展，让一座座"绿色长城"在长江沿岸拔地而起，大家共同守护一江碧水向东流。

专家解读

中国科学院地理科学与资源研究所旅游研究与规划设计中心总规划师　宁志中

九江地处长江中下游分界段、鄱阳湖入江口，是地理长江、生态长江、经济长江和文化长江的重要节点。统筹长江九江段岸线的自然、文化、经济资源，打造最美长江岸线，遵循了尊重历史、修复生态、传承文化、丰富生活的国家文化公园建设要求，践行了"共抓大保护、不搞大开发"的治理理念。

长江是中华民族的母亲河，长江岸线是彰显流域国土空间美丽和中华文化魅力的最重要载体之一。建设长江最美岸线，有利于促进长江岸线资源高水平保护、高质量发展，有助于建好、用好长江国家文化公园。

35

"三姑娘"的岸上新生活

讲述人：
安徽省马鞍山市三姑娘劳务
服务有限公司经营者

陈兰香

2023 年 10 月 9 日

扫码收看精彩内容

●安徽省马鞍山市三姑娘劳务服务有限公司经营者陈兰香

　　我以前是薛家洼的渔民。薛家洼与"千古一秀"的采石矶为邻，一度是长江干流马鞍山段渔民、渔船最集中的地段，光渔船就有200多艘，乌泱乌泱停一排。前面是住家船，后面是小船。

　　以前我们一直在水上"漂"着生活。渔船只有三四十个平方，而且还很危险。我家儿子小时候穿着救生衣，有一次脚踩空了，就掉到水里去了。

　　当时，渔民们的生活垃圾都扔长江里，江面上有一层白色垃圾。污染太严重，还有过度捕捞。我记得刚刚结婚的时候，一天最多能捕到100斤鱼。到最后鱼越来越少，个头也越来越小，一天只能捕一二十斤鱼了。

　　后来，为扭转长江生态环境持续恶化的趋势，党中央、国务院

曾经的薛家洼

做出一项重大决策——长江禁渔十年。2019年，马鞍山在全国率先实施了禁捕退捕政策。

我家有5艘船，上岸的时候也舍不得拆迁。我们渔民祖祖辈辈都靠打鱼为生，又没有什么特长。上岸之后，政府给我们买了养老保险，也给了我们24万元的补偿款，还分了一套100多平方米的安置房。

● "三姑娘"陈兰香（中）和同事

    我们渔民大多数不识字，也没有什么技能，所以在政府的扶持下，开了劳务公司，我带领全区渔民入股，做的是道路保洁、市场保洁，还有绿化养护修剪。2021 年、2022 年，全区渔民分红 30 万元。

    我们在渔船上生活了三四十年，也有感情了。现在经常看一看长江的风景。这些年政府下大力推进长江岸线综合整治。原来的薛家洼灰尘多，路也不平，坑坑洼洼。散乱企业也多，码头也多，现在都看不到了。如今，岸也绿了，水也清了，鱼也多了，游客也越来越多了。听见大家夸我们马鞍山 23 千米长江东岸，美得像一幅画，我们心里也蛮自豪的。

● "三姑娘"陈兰香

● 如今的薛家洼

这个夏天的水不是涨了吗，一直漫到杨树林，鱼都跑到杨树林里面。秋季的时候我带着公司员工，把杨树林里的鱼捕捞出来，放到芦苇江岸或者放到采石河。因为水退了时，鱼都出不去，不捕捞上来的话会死的，就会污染环境。

我心里蛮高兴的，看看这么美的长江，我们上岸渔民也值了。现在的薛家洼太美了，这才是人和自然最好的模样。

专家解读

武汉大学国家文化发展研究院院长　傅才武

党中央、国务院下决心实施长江10年禁渔政策，就是落实长江大保护这一重大决策。安徽马鞍山"三姑娘"陈兰香，从上岸渔民转型为城市居民，并创设马鞍山市三姑娘劳务服务有限公司，带领全村致富的事例证明，长江大保护的决策取得了良好的效果。在"三姑娘"陈兰香的身上，我们不仅看到了中华民族为保护长江母亲河做出的不懈努力和坚定决心，而且让我们坚信，政府与群众的同心协力，长江母亲河一定能够保护好，并持续地造福于子孙后代。

36
良渚正青春

讲述人：
杭州良渚古城遗址世界遗产监测管理
中心遗产监测科工作人员

高海彦

2023 年 10 月 10 日

扫码收看精彩内容

● 良渚古城遗址公园

2018 年毕业后，我如愿来到良渚，这一年也是良渚古城遗址申遗最关键的一年。

规模宏大的古城、功能复杂的水利系统、分等级墓地（含祭坛）等一系列相关遗址、具有信仰与制度象征的系列玉器，这些都揭示了新石器时代晚期，在长江下游环太湖地区曾经存在过一个以稻作农业为经济支撑的区域性早期国家。良渚遗址，为中华五千多年文明史提供了实例。

文化因水而生，文脉因水相连。1936 年被发现，2019 年申遗成功，83 年时间，良渚遗址、良渚文化的价值逐步被肯定、被认知，良渚考古的脚步始终没有停滞。

●良渚古城遗址发掘出土玉器、石器、骨器等古代遗存

●老虎岭水坝遗址剖面

●良渚古城遗址遗产监测预警系统平台

●工作人员在良渚古城遗址公园南城墙遗址剖面开展修复工作

　　不同于挖掘现场的考古工作者，我的日常工作是遗址保护，通俗点讲就是"文物医生"。我们努力的目标就是让5000多岁的良渚古城遗址再活5000年。

　　从良渚古城南城墙到老虎岭遗址展示点，12千米，20分钟路程，这段路上的每处坑洼，我都烂熟于心。

土遗址保护最怕的就是下雨天。大家也知道良渚遗址地处南方潮湿环境，通常会出现渗水、开裂、表面粉化脱落、失色、生物病害等问题，其实保护时面临的最大困扰就是水，它是缺水不行，水太多也不行。但目前国际上关于潮湿环境土遗址保护还依然是一个难题，良渚遗址保护怎么才能不受水的干扰，保存环境等各方面达到一个平衡？这是我们一直以来研究的方向。

自2021年起，良渚与敦煌研究院、浙江大学等知名院校"牵手"开展课题研究、实施保护工程、成立国家古代壁画与土遗址保护工程技术中心东南分中心，联合攻坚潮湿环境土遗址保护，首次提出了综合环境控制法的保护新理念，研发了老虎岭遗址封闭环境高湿保护技术和南城墙遗址半开放环境干燥保护技术。此外，我们和浙江大学文保实验室合作研发了一款环保植物精油，喷洒之后，有效抑制了考古剖面地衣苔藓霉菌的生长，这对我们来说算得上阶段性成功。

考古遗迹和历史文物是历史的见证，必须保护好、利用好。良渚，一端连着中华五千多年的古老文明，另一端连着现代数字文化。良渚古城遗址历经数千年沧桑，在新时代焕发新生。而我们，得以从这里回望历史、触摸历史场景，感悟中华民族祖先的勤劳智慧和文明之光。

专家解读

杭州良渚遗址管理区管理委员会党工委委员、管委会副主任　蒋卫东

现在已知的早期文明都是以旱作农业作为经济支撑，只有良渚是一个在稻作农业基础上兴起的文明。所以联合国教科文组织在评估时也给了我们一个很高的评价，就是：良渚古城遗址体现了中国乃至东亚地区史前五千多年前稻作文明的最高成就。良渚对中华文明来说，它不仅实证了中华五千多年的文明史，可以说也改变了我们以往"黄河文明是中华文明唯一起源"的史学观，展现出多源并起、逐渐融合的中华文明发展新样貌。中华文明的统一性、连续性在良渚已经呈现出了很好的苗头。

37
点亮"江河之眼"

讲述人：
京杭运河江苏省交通运输厅
苏北航务管理处副处长

牛恩斌

2023 年 10 月 11 日

扫码收看精彩内容

●京杭运河江苏省交通运输厅苏北航务管理处副处长牛恩斌

　　我的工作单位名称里有"运河"，"长江"对我来说却同样熟悉。因为苏北运河的"南大门"，正是长江与京杭大运河的交汇处，这里有个"网红"地标——六圩灯塔。

　　六圩灯塔东依上海、西接南京、南临长江、北接淮水。它的主要作用是让航行在长江上的船舶在数千米之外就能看到苏北运河六圩口的位置。灯塔是助航长江和苏北运河的重要标志。登塔而望，一边是滚滚长江，另一边是悠悠运河，两条黄金水道在此交汇。

　　20 世纪 80 年代中期以前，六圩口其实并没有航标，只靠夜间在电杆上点油灯作为简单的示位标；加上收音机还不普及，船民不易收到电台天气预报，还需要设置风讯信号标，用挂黑球的数量来显示风力的大小。设施简陋，责任却重大，当时，六圩口 24 小时有人值守，

●六圩口

●六圩灯塔

维护示位标和信号标。

1985 年，六圩口有了第一座塔式航标。这是一座 15 米高的二层飞檐式六边形仿古塔式建筑，航行长江的船舶终于有了清晰的指示。1988 年毕业之后，我成为一名航标工，巡航六圩河口、巡查灯塔在很长一段时间里是我每天必做的工作。

老灯塔引航的年头不算太长，由于长江沿岸码头、厂房高楼建筑逐渐增多，背景光复杂等多种原因，其塔体视距及灯光射程已无法满足船舶航行的要求。

2006 年 6 月，新灯塔开始修建。新灯塔高 66.9 米，被称为"江河之眼"，是当时世界上最大、射程最远的 LED 面光源内河航标灯。此后，灯塔还经历几次维修升级，发光效率比之前更高。

有"新建"是否就要"拆旧"，这在当时是有争议的。老建筑物年久失修的危险以及维修的困难和复杂，"拆"似乎变成了最容易的事情。但我当时一直坚持保留老灯塔。我觉得老灯塔的存在是对历史的尊重，是对其文化价值的认可与敬畏。拆很简单，不拆才是不容易的。所以，今天的六圩口，新旧两座六圩灯塔一同屹立，一高一矮、一新一老，相互呼应，既见证历史，又展望未来。

航标为什么在，灯塔为什么在？因为无论时空如何转换，江河不老，航标便不能倒；因为无论江河荣枯更迭，总要有灯塔，远远地、坚定地守护。

站在母亲河和古老运河的十字路口，我们看见航运的通江达海，感受文明的交流融合。这里融汇了大江大河的雄浑之气和小桥流水的江南风韵。站在灯塔上俯瞰，江南的柔情和随大江东去的壮志，一齐卷起层层浪。

国家文化公园专家咨询委员会委员、南京大学历史学院教授　贺云翱

大江大河大海上的航标灯，是保证航运安全的重要设施。地处长江与大运河交汇处的六圩灯塔，人称"江河之眼"，既十分贴切又形象生动。作为历史的见证者，在航标灯塔新旧演替的进程中，让新旧灯塔并列在江河交汇处，既保存了长江航标演化的历史，又预示着它将有更加美好的未来，同时还见证着长江航运人的美丽情怀。

38

一声号子吼千年

讲述人：
国家级非物质文化遗产项目
川江号子代表性传承人

曹光裕

2023 年 10 月 12 日

扫码收看精彩内容

●国家级非物质文化遗产项目川江号子代表性传承人曹光裕

长江上这一声沧桑呐喊，我吼了40多年。

有木船就有船工，有船工就有船工号子。3000多年前，为了鼓舞劳动士气、统一劳动节奏，川江流域的船工和纤夫们喊起了一种工作号令，这就是川江号子。号工领唱、众船工帮腔，大江传歌，生生不息。

20世纪80年代，我在重庆朝天门码头的趸船上做过船工。那时候，江上的行船已装上动力装置，但岸边的趸船还没有，遇到涨水退水时，全靠我们的人力移动趸船。号子一响，我就知道，又要干体力活儿了。

拉船时我们戴着手套、穿着厚衣服，但再结实的布料也难免被

●曹光裕领衔表演川江号子《闯风雨》

钢丝绳做的纤绳磨破。对那个时候的我来说，号子不是艺术，是痛苦、是艰辛。所以当 1987 年，我的师父陈邦贵找到我，想收我为徒时，我连连推辞，推不过就躲。那一年，师父在法国的演出收获如雷的掌声，但他一身的技艺，后继无人。有一天，他站在长江边，老泪纵横，看着我说："如果川江号子失传了，那就是我们对不起后人。"

当时师父 71 岁，我 23 岁。我听着江水声、看着老人的眼睛，叫了一声"师父"。

闷头干活、一心学唱的那些年，江上几乎一天一个样。航道越

●川江号子亮相 2020 年迪拜世博会中国馆重庆活动日

来越宽阔，大桥建得飞快，机械船不断代替木船，江边的号子越来越稀疏。2000 年，我们的轮渡公司减员增效，我就下岗了。为了生计，我卖过挂历、推销过汽车，甚至做过驻场歌手。那些最困难的日子，让我深刻地体会到川江号子的力量，高亢、激越，唱的是拉船的动作，更是我的人生。

也是从那时候起，我争分夺秒，坐汽车去乌江、龚滩等地寻找老船工，听不同的号子，收集大量素材。要知道，只有真正在江上喊过的老船工，才知道拉纤的时候应该低头看路而不是昂首挺胸，好避开礁石；才能体会空手划桨比在江上划桨更难发力；才能让每一声发

自舞台上的川江号子有来自江上、岸上的真实感。要发扬川江号子，先要做好传承者。

师父在舞台上一直唱到95岁，无论是站在台上还是坐在台下，他嘱咐我的只有一句话，"一定要把川江号子唱下去"。其实，这话哪里还用师父再交代我呢？我用了20多年，学好号子、唱响号子，最近这10多年，我想让更多人听见号子、理解号子。

2006年，川江号子被列入国家级非物质文化遗产名录，天安门广场、上海世博会都成了我们的舞台。2012年起，我在重庆市渝中区人民路小学给孩子们讲授川江号子，每一次上课，我都充满自豪和期待；2014 年，我组织了一些对川江号子有了解、有情怀的老船工和家属，成立了"重庆老船工艺术团"，我们的演出会一直坚持下去。

万里长江，千年沧桑。有码头的地方就有船，有船的地方就有船工号子的回响。江水或急或缓，船工们握紧的是一样沉重的纤绳，喊出的是一样的不屈与顽强。唱段或许会老，号子里的精神却永远不会过时。川江上的号子声，一定会从高峡的深处飞出去，飞向更广阔的世界。

专家解读

中央民族乐团艺术创作室主任　肖文礼

川江号子是巴渝地区重要的劳动歌谣，也是船工们在千年木船航运中劈波斩浪、团结拼搏所形成的生命之歌，展现出的是百折不挠、阳光向上的乐观主义精神。可以说，川江号子是从巴渝历史的纵深中流出来的，是从劳动人民的血脉中流出来的。我们通过传承和欣赏川江号子这一外化的形式，来让我们这一辈以及我们的后辈体会一种精神文化的内核，也向世界传达一种自古有之、向上向善的中国精神。

特别直播
水陆空融媒体直播，立体触摸长江文明

扫码收看精彩内容

　　大河浩荡，诗意千古。长江上，有"大江东去，浪淘尽，千古风流人物"的壮阔，有"孤帆远影碧空尽，唯见长江天际流"的寂寞，有"万里长江横渡，极目楚天舒"的豪迈，更有"轻舟已过万重山"的豁然开朗。从巴山蜀水到江南水乡，长江滋养了千年文脉，孕育着中华文明。

　　中央广播电视总台中国之声国家文化公园融媒体特别直播《江山壮丽　我说长江》2023年10月14日走进重庆奉节。在"诗城"，不止说诗，直播以水陆空不同视角，立体呈现长江的波澜壮阔和长江文明的源远流长。直播中，总台多路记者沿长江探访，展示黄金水道推动长江经济带高质量发展的生动例证。

　　千首诗，一座城，朝发白帝，梦回夔州。在古称"夔州"的重庆奉节，《江山壮丽　我说长江》水陆空融媒体直播开启。"两岸猿声啼不住，轻舟已过万重山"，直播从李白的千古绝句开始。

●中国之声主持人黎明（图左）、宇昕（图中）和西南政法大学文化传播研究院副院长武夫波（图右）

古老的江畔，进行的是一场年轻的对话。同为90后，中国之声主持人黎明、宇昕和西南政法大学文化传播研究院副院长武夫波在白帝城感受诗词之美，也对奉节"何以诗城"、长江"何以'诗词长河'"提出新解。在武夫波看来，除了长江水道"有用"，长江更"有景""有情"。

● 直播中连线瞿塘峡夔门

直播中，总台记者陈鹏深入长江水下40米深处，在"保存完好的世界唯一古代水文站"——白鹤梁，以全新方式触摸长江文明。

● 总台记者陈鹏直播

古老的智慧无声诉说着中华民族用水、治水的文明记忆。武夫波表示其实全世界都是依水而生、伴水而居的，我们同时又受到水患的侵袭。我们的先民们就是在与水斗争又依靠水的过程中，从具象的水闸发出了一些道理。

● 直播连线中

千百年来，长江哺育了沿岸百姓，也滋养了中华文明。在这条长河流经的广阔区域内，不同地区、不同民族、不同文化不断交融，衍生出独具特色的文明基因。保护长江，就是守护中华文明的文脉源远流长。近年来，沿江省份坚持生态优先、绿色发展。武夫波说，从长江十年禁渔到长江保护法出台，再到山水林田湖草沙一体化保护的生态文明理念，长江全流域共抓大保护，一直在路上。

● 直播连线长江

君住长江头，我住长江尾，长江经济带犹如一条巨龙，不断谱写高质量发展的新篇章。15 个亿吨大港在长江上中下游协同发力，给出一张"年吞吐量 35.9 亿吨、与 100 多个国家和地区通航通商"的成绩单。

　　总台记者在湖北武汉阳逻港和上海临港新片区的探访连线后，武夫波表示正因为黄金水道带来的澎湃动能，通江达海的音符以不同的方式奏响，长江国家文化公园的经济属性更加鲜明。

● 直播中连线我国中部地区最大的水铁联运枢纽——湖北武汉阳逻港

　　奔流不息的长江本就有着开放包容、兼容并蓄的特质，何为"长江气质""长江品格"？武夫波表示我们现在来看长江上游重庆果园港、中游武汉阳逻港、下游上海临港新片区，都各有千秋，它们都是在为中国式现代化、中华民族伟大复兴不断努力奋斗。多元共存、和谐有序，是我心中的长江气质，开拓创新、奋力拼搏是我心中的长江品格。

● 直播中连线位于长江和东海交汇处的上海自贸区临港新片区

如今，长江沿线一张蓝图绘到底，于保护中发展，于创新中前行，让"黄金水道"发挥出"黄金效益"。

"万里长城""千年运河""两万五千里长征""九曲黄河""万里长江"，每一个都是独一无二的中华民族精神标识。2023年4月以来，中国之声围绕"国家文化公园"主题推出大型融媒体节目《江山壮丽》，探寻中华文明的根脉所在。

节目收官，国家文化公园建设在路上。春江潮水连海平，海上明月共潮生。我见江山多壮丽，这山河长卷，需要一代代人接续作答。

《江山壮丽　我说长江》融媒体直播同步在总台融媒体矩阵央视新闻客户端、央视频、云听、央视新闻微博、中国之声抖音快手号及重庆本地媒体等平台推出，截至10月14日24时，直播收听收看人次近400万，全平台累计触达人次超过1.2亿。

2023 年 10 月 14 日

新闻报道

扫码收看精彩内容

全新视角听长江、看中国，《江山壮丽　我说长江》聚焦长江经济带高质量发展

习近平总书记 10 月 12 日下午在江西省南昌市主持召开进一步推动长江经济带高质量发展座谈会并发表重要讲话。习近平总书记强调，要完整、准确、全面贯彻新发展理念，坚持共抓大保护、不搞大开发，坚持生态优先、绿色发展，以科技创新为引领，统筹推进生态环境保护和经济社会发展，加强政策协同和工作协同，谋长远之势、行长久之策、建久安之基，进一步推动长江经济带高质量发展，更好支撑和服务中国式现代化。

立体触摸长江文明，聚焦长江经济带高质量发展，10 月 14 日上午，中央广播电视总台中国之声国家文化公园融媒体特别直播《江山壮丽　我说长江》在重庆奉节白帝城圆满收官。朝发白帝，梦回夔州，

● 《江山壮丽　我说长江》节目海报

一小时的直播，带听众、网友开启一场"水陆空"全息的长江之旅，从水下到高空、从源头到入海口，以全新视角听长江、看中国。

截至 10 月 14 日 24 时，融媒体直播同步在总台融媒体矩阵央视新闻客户端、央视频、云听、央视新闻微博、中国之声抖音快手号及重庆本地媒体等平台推出，直播收看人次近 400 万，全平台累计触达人次超过 1.2 亿。

直播凭借独特的场景搭建，突破时空的传播内容，年轻化的表达，立体化的传播渠道，实现主题直播的创新性呈现，获得年轻听众和网友的青睐。

深入发掘长江文化的时代价值，立体呈现中华传统文化、创新传播中华文明

建设国家文化公园，是以习近平同志为核心的党中央作出的重大决策部署，是推动新时代文化繁荣发展的重大文化工程。长江的保护和发展，是习近平总书记长久的牵挂。融媒体特别直播《江山壮丽 我说长江》力求通过多元的表达，持续讲好长江故事。

直播选址重庆奉节白帝城，这里是东望"夔门天下雄"的绝佳位置，也是饱览长江三峡险峻之美的起点；是金戈铁马之地，更是重要的文化遗址。凭借深厚的文化内涵和奇特的自然景观，奉节吸引历代文化名人游历并留下了大量脍炙人口的诗篇，有着"中华诗城"的美誉。

直播设计紧密围绕长江的人文、生态、经济等维度展开，通过对三星堆遗址、纪录片《话说长江》、白鹤梁水下博物馆、上海自贸区临港新片区等一系列典型"长江文化地标"的具体呈现，系统阐发长江文化的精神内涵，深入挖掘长江文化的时代价值，多元呈现、传播中华文明。

"水陆空"全息呈现，突破时空局限、打造立体化传播格局

特别直播《江山壮丽　我说长江》开启"水陆空"全息模式，除直播席设立在白帝城夔门观景台外，另设立"水下看长江"和"空中看长江"视角。

"水"——白鹤梁水下博物馆

这是世界首座非潜水可达的水下遗址类博物馆。直播中，受众跟随总台记者，体验一步步"走进"滔滔江水下，从水下看长江，触摸长江文明。

"空"——三峡之巅

三峡之巅位于海拔 1388 米的赤甲山顶，这里是长江三峡物理形态的最高处。在这个制高点，三峡瞿塘峡尽收眼底。总台记者带来的这个空中视角，让直播有了前所未有的"垂直"体验。

"水陆空"的全新视角，极大地拓展了直播的时空维度，拓宽了节目的观察视野，给受众带来了耳目一新的体验和感受。

直播席全员"90后"，让年轻人成为"讲述者""传播者"

重大主题报道如何抓住年轻人的需求、抢占年轻人的舆论场？

特别直播《江山壮丽　我说长江》是古老江畔的一场"年轻态"直播。团队力求让年轻人成为长江故事的"讲述者""传播者"。白帝城的直播席上，从"中国之声"主持人宇昕、黎明，到嘉宾西南政法大学文化传播研究院副院长武夫波，全员是"90后"。三位"90后"以青春视角和年轻化的表达，举重若轻地呈现他们眼中的长江。

为吸引年轻受众的关注和参与，在正式直播前，直播团队策划了慢直播"带你体验李白同款'轻舟已过万重山'"，并在微博平台推出多个"轻话题"，引发关注。其中"轻舟已过万重山说的是哪里"这一话题，引发热烈讨论，直播过程中即冲上热搜。

特别直播《江山壮丽　我说长江》打破了传播圈层，激发了网友尤其是年轻受众对"国家文化公园"的关注，并将长江文化与"青春传播力"有效融合，激发了青年一代积极关注、参与国家重大文化工程建设。

2023年以来，"中国之声"深入贯彻落实习近平总书记关于文化传承发展的一系列重要指示精神，以"积极推动文化繁荣、建设文化强国、建设中华民族现代文明"为使命，围绕"国家文化公园"主题推出大型融媒体节目《江山壮丽》，分为长城、大运河、长征、黄河、长江等五大篇章。

● 《江山壮丽》
前四期节目海报

报道规模宏大，在中国之声《新闻纵横》等节目播出广播稿件180篇（仅统计首发），在抖音、快手、微博等平台推出短视频近200条，在央视新闻客户端、央视频、云听、学习强国、微博、抖音、快手、微信视频号等平台推出5场外景融媒体直播，倾力打造可听可看、可亲可感的文化精品节目，堪称一部内容丰富、形式新颖的国家文化公园"百科全书"。

"中国之声"以《江山壮丽》为契机，积极推动音视频融合传播，取得多项创新突破。在收官的《江山壮丽　我说长江》之前，融媒体直播《江山壮丽　我说长城》从明长城东端起点——丹东虎山长城出发，联动长城沿线15省份，展示雄伟长城画卷，呈现厚重文化内涵，集主题性、话题度、知识性、互动性为一体。

《江山壮丽　我说大运河》精心设计"一项特殊任务，两小时超值体验"的概念，沿着杭州、扬州、天津、北京等地"步步探索"，

主持人泛舟运河、展示非遗，带领受众沉浸式体验运河神韵，感受运河文化生生不息的时代脉动。

《江山壮丽 我说长征》在"长征集结出发地"江西于都铺开宏伟画卷，以青年眼中的长征为主线，通过新闻报道与舞台剧结合的方式，聚焦人物故事，弘扬长征精神。

《江山壮丽 我说黄河》行走河南郑州黄河畔，巧用"一静一动"双线并行的直播方式，找寻最特别的黄河文化印记，黄河流域的缤纷色彩、传统乐器、面食文化、考古盲盒等元素让直播环环相扣，深化中华儿女对黄河文化价值的认知认同。

《江山壮丽》节目传播效果良好，新媒体爆款产品频频出圈，全平台累计触达人次超过 5 亿。其中，5 场外景融媒体直播的观看人数约 2000 万，"长城版特种兵式旅游""为什么说紫禁城是运河上漂来的""回望两万五千里长征路""现实版大河向东流好壮观""轻

● 国家文化公园特别直播

● 国家文化公园特别直播

舟已过万重山说的是哪里"等话题十余次登上新媒体热搜榜。接下来，"中国之声"将继续以守正创新的正气和锐气，赓续历史文脉、谱写当代华章。

2023 年 10 月 15 日

《江山壮丽 我说长江》工作人员名单

监　　制：高岩

统　　筹：王凯

编　　审：沈静文　杨宁

学术顾问：任慧

专家统筹：高琰鑫

编　　辑：杜希萌　王雪洁　王远　杨森　朱星晓　何源　钱成　李昊
　　　　　张永鹏　朱敏　廉金亮　章宗鹏　陈宇　李瑞　张元轶

记　　者：法绮　陈鹏　赵聪聪　吴琼　彭照　盛瑾瑜　杨静　张倩
　　　　　张兆福　尹平　温晓　李朕　刘涛　蒋林　佘丽霞　尧遥
　　　　　李筱　丁然　杜金明　张国亮　熊传刚　张雷　刘泽耕　陈琴
　　　　　罗布次仁　多吉仁青　李彭林　杨超　谢元森　杨萍　王利　申德全
　　　　　李腾飞　范陈诺　任鑫玉　宋东东　邵光佳　徐小龙　凌姝　马宇涵
　　　　　张驰　黄茹　李先　王德俭　李慧娟　陈宇韬　肖巧云　蔡薇
　　　　　孙玲娟　谢海涛　刘少君　何美丽　王齐璟　洪全　焦磊　高明
　　　　　夏雪星　桑邓旺姆　胡苇　徐会刚　荣辉　王海宁　李名虎　王济伟
　　　　　丁威程　栾炅雨　刘凯　韩秉颖

主 持 人：赵宇昕　黎明（张明浩）

摄　　像：谢鹏　刘春宏　王波涛　郭恩友　朱黄英哲　张杰　王宏超　林侃
　　　　　刘屹　孟雨　陈雷　陈燕军　左岳　李天麒　宋亚伟　王建强
　　　　　郭恩友　高重　赖建　刘肖　邵东　王敖　周丞　季倪昇
　　　　　王浩　张涛　王跃蒙　王卫　格桑扎西　平措　旦珠卓玛　才仁多杰
　　　　　央坚东智　熊艳　黄连河　李洪凡　许睿　李冬阳　廖富久　沈俊豪

音频制作：李晨雨　李晓东　周天纵　刘逸飞

技术保障：张翰森　张郁　刘新杰　郭万辉　张亚磊

视频传输：杜书华　万承涛　杨潇　周玉强

导　　演：杨少鹏　孙锐　李航　段一民　张良

视频制作：张鸿权　陈以恒　曹懿心　宋瑜珊

制 片 人：李璐　顾泽斌

图书在版编目（CIP）数据

江山壮丽. 我说长江 / 中央广播电视总台中国之声,
中国艺术研究院编. -- 北京 : 文化艺术出版社, 2025.
1. -- (《江山壮丽》国家文化公园丛书). -- ISBN 978-
7-5039-7781-7

Ⅰ. S759.992

中国国家版本馆CIP数据核字第2025D5C515号

江山壮丽　我说长江

编　　者　中央广播电视总台中国之声　中国艺术研究院
责任编辑　魏　硕
责任校对　董　斌
书籍设计　李　响　楚燕平
出版发行　文化艺术出版社
地　　址　北京市东城区东四八条52号（100700）
网　　址　www.caaph.com
电子邮箱　s@caaph.com
电　　话　（010）84057666（总编室）　　84057667（办公室）
　　　　　　　　　　84057696—84057699（发行部）
传　　真　（010）84057660（总编室）　　84057670（办公室）
　　　　　　　　　　84057690（发行部）
经　　销　新华书店
印　　刷　中煤（北京）印务有限公司
版　　次　2025 年 1 月第 1 版
印　　次　2025 年 1 月第 1 次印刷
开　　本　710 毫米 × 1000 毫米　1/16
印　　张　15.75
字　　数　100千字
书　　号　ISBN 978-7-5039-7781-7
定　　价　78.00元